儲けるから儲かるへ

循環で完成する地球と経済の未来

近藤典彦

会宝産業株式会社
取締役会長

カナリアコミュニケーションズ

まえがき

――ようやくここまできた……

背後に立ち並ぶ金屏風の前で、無数のカメラを見つめながら、私は四九年前の創業期を思い出していました。石川県金沢市近郊で私が自動車解体を生業とする有限会社近藤自動車商会を創業したのは一九六九年のこと。たった一人での創業でした。この「自動車解体屋」がこんな立派で栄誉ある賞を受賞できるまでに成長するとは……思わず他人事のように感慨にふけっていました。

二〇一八年一二月二一日、私は総理大臣官邸にて「第2回 ジャパン SDGsアワード」の授賞式に参加していました。安倍総理大臣（当時）を本部長とするSDGs推進本部より、SDGs達成に向けた取組みにおいて、特に顕著な功績があったと認められる企業や団体としてSDGs推進副本部長（外務大臣）賞を授与されたのです。年が明けると創業から五〇年を迎えるという節目のタイミングでこんな賞をいただくことができるなんて、考えてもいませんでした。味噌麹屋の息子だった私が家を飛び出し、そこで出会ったのが自動車解体業です。たった一人での出発でしたが、その後、多くの社員、取引先に支えられ、ここまで来ることができました。

私たち会宝産業がいわゆる『静脈産業』へ経営方針の舵を切るきっかけは二〇〇一年に訪れました。それは、初孫が誕生するというできごとでした。私自身に環境保全へ向けた事業転換の決意をさせたのは、私の腕の中で無邪気に笑うひとつの命だったのです。

――この子たちの将来に対し、自分自身、そして会社として何ができるのか？

考え抜いた結果、「会宝産業こそが静脈産業の旗手たらん」という気概のもと事業シフトのアクセルを踏み込んだのです。

二〇世紀は大量生産、大量消費、大量廃棄の時代でした。それにより世界各国の経済が拡大し、同時に富は先進国に集中し、途上国との格差は広がるばかりでした。しかし、その富の拡大の裏側では地球環境の破壊という負の連鎖を積み上げた先にあったのです。その代償は大きいものです。やがて、地球が悲鳴をあげ始めます。それは昨今の報道でさまざまに取り上げられているので読者のみなさんもご存知でしょう。そうやって築き上げた富の拡大は結局、砂上の楼閣であったと言わざるを得ないのです。二一世紀に入り、人類はその代償がいかに大きいものであったかを痛感します。そして、その代償を今の子供たちに負わせるのか？と考えると、私自身、人生の先達として、それだけは「まかりならん」と思うのです。二〇世紀の経済成長で恩恵を享受した私たちが先頭に立ち、旗を振り、今の経済活動の改革を実行しなくてはならないと考えました。

業界において人材育成に力を注ぎ、日本国内だけでなく、世界各国のアライアンスパートナーと共に静脈産業の仲間づくりに奔走しました。利益だけを追い求めるのではなく、顧客もパートナーも共に繁栄できるしくみこそ大切です。そして、何よりも地球環境を第一に考え、持続可能な事業へと昇華させることが必要です。本書のタイトルにもある「儲けるから儲かる」の真意はそこにあります。顧客も、パートナーも利益を出せれば、自然と自分たちへその利益は返ってきます。

日本も含めて先進国の多くは二十世紀に富を拡大させた国々です。砂上の楼閣は長くは続きません。そのような時代に企業も既成概念を打ち破る考え方で経営を進めなければなりません。それが「下山の経営」の発想です。自社の利益拡大という山を登りつめるだけの二十世紀型の経営は、これからの時代には通用しません。企業がなによりも大切にしなければならないのは、関わる人々の幸せを最優先に考えた事業モデルを作り出すことではないでしょうか。そして、大前提になるのが地球環境を第一に考えること。なかなか難しいことかもしれませんが、私たちがやらなければ、将来にわたり、負の遺産を積み重ねていくことになります。

私たちが「静脈産業の旗手たらん」と事業を転換してから二〇年の月日が流れました。当時誕生した初孫は成人しています。その間、私たちは「静脈産業」を啓発するとともに、自らが実践し、多くの顧客とパートナーが共に利益を残していけるかという挑戦を続けてきました。「環境を第一に考え、皆と共に成長できる経済(環成経)を作り出す」と聞けば、地方都市の中小企業が何を言っているんだ、と笑われるかもしれません。しかし、私たちはこの二〇年間、実践を重ねてきました。ときには大きな失敗に見舞われたこともあります。しかし、その挑戦の末、私たちの進んできた道は間違っていなかったと確信をもって答えることができます。そして、会宝産業従業員一同、その挑戦の連続に誇りを持っています。まだ、道半ばですが、後進に対して道標を立てることができたと思います。そして、冒頭の総理大臣官邸での授賞式は、そんな挑戦を続けた私たちに対して、神様がくれたご褒美だったのでしょう。

本書は私自身の成功体験談ではありません。これからの経済のあり方、経営のあり方を見つめ直すヒントとして読み進めてもらえれば嬉しい限りです。企業は地球の未来を考えることが当たり前の時代です。そして、自社だけでなく「利他の精神」をもって共存共栄を念頭に置かなくてはならない時代でもあります。さらに、コロナ禍に見舞われる世界と日本を見ると、経営者はさらに難しい判断を迫られます。そんな難しい時代だからこそ、経営者は理念とビジョンを持たなくてはなりません。本書が、困難に立ち向かう経営者の方々の背中をそっと押すことのできる一冊となれば、これに過ぎたる喜びはありません。

儲けるから儲かるへ

循環で完成する地球と経済の未来

目次

第1章

二十世紀型経営の後始末

■運命の軽四トラック

私の出身は石川県金沢市です。金沢は江戸時代の頃から「加賀百万石」と称され、加賀前田家の城下町として栄えてきました。第二次世界大戦においても空襲を受けなかったことで、街の歴史建造物も数多く残り、今も多くの観光客が訪れる北陸を代表する都市です。

一九四七年二月一五日、私はこの金沢市に生まれました。第二次世界大戦が終わってちょうど一年半たった冬です。父親は味噌麹屋を営み、母親は洋品雑貨を売っていました。父は、毎日夜明け前から起き、一日中、味噌や麹の原料となる大豆や米を炊いていました。熱い室の中で汗だくになって働いていた父親の姿は今も脳裏に焼き付いています。

味噌は大豆に麹菌を仕込んで発酵させ、熟成を待つことで仕上がります。大豆と麹を混ぜ合わせる仕込みを終えてしまうと、後は大豆と麹菌が持つ力に任せるしかありません。人の力が及ばない世界、自然の営みに委ねるしかないわけです。父は毎日、その人知の及ばない仕事の結果に対して、黙々と向き合っていました。

母親も雑貨販売を営んでいたこともあり、私は物心ついたときから生活と商売が一体となった環境に置かれていたのです。今考えれば、他の家より躾は厳しかったと思います。それが自然と自身の心身に記憶されていったのでしょう。私が仕事において躾を重んじる姿勢（第5章で後述）は、こんな環境の影響を大きく受けていたのです。

両親以外に私は五人の姉に囲まれていました。つまり、五人の姉をもつ六人きょうだいの末っ子だったのです。戦争を挟んだこともあり、すぐ上の姉とも十歳離れていました。年の離れた弟で、親が七人いるようなものでした。姉たちからは、なだめすかされたり、からかわれたりしながらも、あれこれ気にかけてもらい、よくかわいがられました。そのせいか、子供のころはけっこうわがままに育ててもらったのではないかと思います。

私自身は特に疑いもなく味噌麹屋を継ぐつもりでいました。勉強が嫌いで、高校に進学する気はまったくなかったのですが、両親に高校へ行くよう押し切られ、地元の実践商業高等学校（現在の星稜高等学校）に進学しました。高校でも勉強嫌いは相変わらずで、柔道部に入り、身体を動かす一方、若気の至りでやんちゃな仲間とつきあうようになっていきます。仲間と連れだってバイクを乗り回したり、校外のグループと喧嘩騒ぎを起こしたり。何度も教師から説教をくらいました。

自分ではそれなりに美学を貫いているつもりで、「道具に頼るのは卑怯」と、素手での勝負にこだわったりしていましたが、もちろん褒められたものではありません。喧嘩騒ぎが学校に知れて退学処分を受けそうになり、親が呼び出されたこともありました。とはいえ、青春期の男子であれば、このようなやんちゃぶりは珍しくないと思うのですが。

そんな私も前回の東京オリンピック翌年の一九六五年、なんとか無事に高校を卒業。その後は父の味噌麹屋で働き始めました。その年の後半から日本は未曽有の好景気に突入します。いわゆるいざなぎ景気で、この波に乗り、日本はまさに高度経済成長の坂を登り続けていきます。地方都市の金沢にもその波は着実に押し寄せ、活気に溢れていました。味噌麹屋も売上が伸び、父はさらに業務を広げようと新車の軽四トラックを購入しました。実は、この軽四トラックが私の運命を変えることになるとは、その時は知る由もありません。

私は早速運転免許を取り、仕入れや配達などで乗りこなすようになりました。日本はこの頃から本格的なモータリゼーションの時代に突入します。一九六五年には名神高速道路が開通し、翌六六年にはトヨタ自動車から初代カローラが登場。地方都市・金沢で働く一介の若者であった私の身の回りにもモータリゼーションの波が押し寄せ始め、その利便性を仕事の現場で体感していました。軽四トラックにより日々の業務の効率は飛躍的に上がりました。さすが文明の利器だ、と私自身も自動車の便利さに酔いしれていました。

しかし、「好事魔多し」です。ある休みの日、私は父に無断で軽四トラックを拝借し、仲間と大阪へ向かいました。大声で騒ぎながらの長距離ドライブ。高速道路を疾走する快感に高揚し、気分は最高潮。大阪にいた姉に会って、にぎやかな都会でたっぷり遊んだ帰路のことでした。翌朝には仕事があるため、夕方四時までに戻って車を返さなければなりません。そんな焦りと疲れが私の判断を鈍らせたのだと思います。急ぐあまり、途中で事故を起こしてしまったのです。幸い私も仲間もかすり傷程度ですみましたが、軽四トラックはかなりの損傷を負ってしまい、翌日の仕事には到底使える状態ではありません。なんとか家には戻ったのですが、父は当然ながら激怒しました。

「ばかやろう、お前なんかもうこの家の敷居をまたぐな！」

もちろん、悪いのは私です。しかし、血気盛んな時期で、そんな道理も見失い、「俺だってこんな家の敷居はまたぎたくない！」と啖呵を切ってしまったのです。父にそんな罵詈雑言を浴びせ、勘当同然で家を飛び出します。

とはいうものの、私はまだ十八歳。高校を卒業したばかりの世間を知らぬ身で行くあてなどあろうはずもなく、結局は父が東京の親類に口添えをしてくれ、上京することになったのです。

モータリゼーションの波が私と軽四トラックを出逢わせてくれました。そして、その軽四トラックの事故がきっかけで上京することになり、その就職先が、親類の中古車販売店でした。その時の経験こそが、現在の事業の原点となるのです。

■自動車解体業との出逢い

親戚の中古車販売店、下澤自動車は、東京都江戸川区の京葉道路沿いにありました。当時の東京は金沢とは比べものにならないほどのモータリゼーションの大波が押し寄せ、社会全体が大きく変貌を遂げているようでした。私が働き始めた下澤自動車のある江戸川区も、その大波の中で街の姿も大きく変わりつつある時期でした。江戸川区の中心部をはしる京葉道路は一九六〇年に日本初の自動車専用道に指定されています。高度経済成長を迎えた日本、特に首都東京の自動車渋滞は劣悪な状況でした。経済成長に伴い、陸上輸送のボリュームも飛躍的に増加します。自動車を使った輸送は仕事の効率を劇的に高めます。それは、私も金沢で肌身に感じていました。しかし、現在のように計画に基づいた道路整備などなされていない時代です。渋滞が増えれば、必然的に予期せぬ事故も増えます。この渋滞緩和の施策として、京葉道路は建設され、六六年には現在の幕張まで延伸されました。まさに、日本の風景が経済成長と共に大きく変わり始めた時期です。

さて、私自身といえば、仕事の現場で戸惑いの連続でした。それは当然でしょう。もともと、味噌麹屋を一生の仕事にしようと考えていた人間が、自動車という今まで縁もゆかりもない世界に飛び込むことになったのですから。それにしても、私を自動車の世界に誘ったのが、こともあろうに軽四トラックの事故だったのですから……不思議なめぐりあわせです。

仕事の方は、何もかもが初めて見るものばかり。今まで眺めてきた世界と違いすぎて、自動車修理がどのようなものか、まったくわかりませんでした。なにしろ、工具の名前ひとつ知らないのです。このままでは、足手まといになるばかり。そこで、私がまず始めたのは、社長の靴磨きと洗車、そしてトイレ掃除でした。そのとき、脳裏にあったのは反発して飛び出した実家の父の教えでした。

「自分にできることから人に尽くせ」

私の不注意で起こした事故で父とは喧嘩別れのような状態になってしまいましたが、商売人の父からの教えは今も脳裏に焼き付いています。幼い頃から父と母の商売の姿を眼前で見続け、その教訓は体に染みついています。だからこそ、そのときも父の教えを素直に受け入れることができたのだと思います。

当時の自分にできることは、新しい仕事の世界を知り、学ぶことだけです。仕事で失敗するのは当たり前。工具を持ってこいと言われても、その工具がどれなのかすらわからない。ならば、三歩以上かかる用事は走って済ませようと考えました。なぜならば、普通の人が三歩以上かかる用事を自分は走って済ませることで、三回間違うことができる。仕事ができない、わからないならば、そうやって時間でカバーするしかないと考えていました。今考えれば勝手な理屈ですね。しかし、時間はすべての人に同じ条件で与えられています。つまり、時は金なりです。素人の自分が知識や技術を身に着けようとするならば、それくらいは当然のことと思い、下働きに徹したのです。実は、この「三歩先を走る」という考え方は、後の会宝産業の社員教育にも採用し、定着させました。誰もが最初は素人です。だからこそ、努力と工夫が必要なのです。

そんな素人同然の私も徐々に仕事を覚え始め、半年ほどたったころ、社長が話しかけてきました。

「おまえ、将来どうしたい?」

とは言われても……実家に啖呵を切って飛び出した身ですから、いまさら味噌麹屋には戻れません。ただ、いつか金沢には戻りたいとは思っていました。

「いずれは金沢で車の修理工場をつくりたい」

漠然としていましたが、社長にそう答えました。すると、社長は意外なことを口にしたのです。

「うちの会社の隣の土地を借りてやるから、自動車の解体屋をやってみろ」

解体？　当時の私は具体的なイメージはできていなかったと思います。しかし、金沢で自動車にかかわる仕事を興せるかもしれない、という想いもあり、挑戦してみようと決意したのです。その後、社長は自動車解体の作業場を私に与え、仕事を振ってくれるようになりました。こうして私は、自動車解体、そして自動車リサイクルへの道を突き進むことになります。

そこからは、自動車修理に解体の仕事も加わっての勉強の毎日でした。見よう見まねで車の解体を覚え、鉄くずや部品を売る仕事に明け暮れました。社長の家に住み込みでしたから、二十四時間営業のようなものです。深夜の連絡に叩き起こされ、レッカー車を運転して事故車や故障車を引き取り、明け方に工場へ戻ってすぐ解体作業に取りかかる、といったこともざらでした。

それでも、「おやじ」と呼んでいた社長から褒められたことは一度もありませんでした。口数も少なく、仕事に厳しい人で、「おやじ」からは徹底して鍛えられました。ある日、社長が行きつけにしている理髪店へ散髪しに行ったときのことです。店主から「社長が、あんたがようやってくれていると言ってたよ」と、そう聞かされたときは、ただただ嬉しい気持ちでいっぱいになったことを昨日のことのように思い出します。

下澤自動車で三年の月日が経ちました。自動車の解体にも精通し、仕事をする面白さにようやく目覚めたころ、金沢の実家から一報が入りました。父親が脳梗塞で倒れたというのです。私はすぐに帰郷を決意しました。社長に事情を伝え、ここを離れたいと願い出ました。「おやじ」は、なにも言いませんでした。ですが、後に、自宅でひとり泣いていたことを知ります。

「一人前にしてくれてありがとう、おやじ」

今でも「おやじ」には感謝の念に堪えません。

東京を離れる私でしたが、時代はまだまだ好景気が続き、日本の経済成長は一段と加速していました。

■独立、そしてバブル経済へ

金沢に戻ると、父からは家業を継いでほしいと頼まれましたが、家を出てすでに三年、その間味噌麹屋を支えてくれたのは番頭です。店は番頭に譲り、私は自動車解体業で生きていくことを決意しました。最後には父も折れてくれました。

一九六九年五月、父と二人の義兄から出資を受け、金沢市近郊の松任市（現在の白山市）に土地を借りて有限会社近藤自動車商会を立ち上げました。弱冠二二歳の創業でした。ありがたいことに、東京の「おやじ」が餞別にと、レッカー車と乗用車、充電器を贈ってくれました。私の金沢での自動車リサイクル業は、さまざまな人に支えられて始まったのでした。

たった独りの出発でした。朝の五時から夜中まで、廃車を買い集めに回り、油まみれになりながら分解し、鉄くずやアルミ、銅などに分けて、売りに行く。自動車解体の仕事にひたすら打ち込み、どんどんのめり込んでいきました。

1980年代、金沢市寺中町に社屋があった頃の「近藤自動車商会」

創業の翌年、金沢市寺中町の親類の土地を借りて会社を移転しました。そこで初めて、私に従業員ができました。早朝野球で知り合った年下の男性を雇い入れたのです。いよいよ私も経営者としてがんばらねば。責任感と期待感で胸がふくらんでいきました。彼も張り切って、解体の仕事に打ち込んでくれました。

ところが、入社早々に、大事故が発生してしまいました。中古車の解体作業中、ガソリンタンクをバーナーで取り外していた際、残留ガソリンに引火したのです。火だるまになって駆け寄る彼を抱きしめ、水たまりに倒れ込んで火を消し、病院へ駆け込みました。幸い命に別状はありませんでしたが、彼は全身に大やけどを負ってしまいました。ベッドに横たわる姿を見て、私は申し訳ない気持ちでいっぱいになり、眠れない日々が続きました。そして、自動車解体業からの撤退を決意したのです。従業員の安全管理ひとつできない者に、経営者を名乗る資格はありません。私を育ててくれた「おやじ」にも申しひらきができない。彼のご両親に会って、お詫びを申し上げた際に、責任をとって廃業することを伝えました。ご両親からどんなに非難されようが、すべてを受け止める覚悟で頭を下げ続けました。ところが、ご両親から返ってきたのは、励ましの言葉だったのです。

「あんたはまだ若い。これからも辛いことはたくさんあるやろうが、このことでくじけてしまわず、がんばってほしい」

正直、声が出せなくなりました。なんと申し上げてよいのか言葉が出ません。出てくるのは、不甲斐ない自分に対する悔し涙だけです。私はただ、頭を下げ続けるばかりでした。その後、ありがたいことに、彼は元気に職場復帰してくれました。二人で気を引き締め直して、生まれ変わったつもりで仕事に向きあいました。このときのご両親の温情があったからこそ、現在の会宝産業があります。創業からわずか二年で私が胸に刻んだのは「経営者の第一の務めは従業員を守ること」でした。この大きな教訓は、それからずっと会宝産業の第一の銘に刻まれ、現在まで続いています。基本理念である「私の宣言」にもうたい、従業員と家族を第一に考える経営に重きを置いています。

「私は常に 家族のことを思い、安全作業に徹する」

会社が守るべきは、従業員の身の安全であり、従業員と家族の生活なのです。

会宝産業では、現在も「感謝の集い」というイベントを毎年開催しています。お客さまなど取引先に対して業績報告や経営方針を説明する会なのですが、環境関連の講演会や食事会、アトラクションなども交えたイベントを毎回企画し、開催しています。ここには、お客さまと一緒に、従業員とその家族のみなさんにも参加してもらっています。

会宝産業とご縁の深い方々すべてがステークホルダーです。みなさんに集まっていただき、会宝産業からの感謝の気持ちをお伝えし、みなさん一人ひとりが共に幸せになっていけるようにしていきたいとの願いを込めて実施しています。

従業員が心をひとつに同じ目標へ向かって進むには、従業員一人ひとりが自分や家族も含め、安心して生活できる安全な働く場が用意されること、そして心の通った経営の姿勢が見えること、これらが不可欠だと実感しています。従業員とその家族まで顔の見える経営は、巨大企業のトップでは難しいかもしれませんが、中小企業としてはむしろ強みのひとつになるのです。

その後、高度経済成長の波に乗り、会社経営も順調に規模を拡大します。日本の自動車保有台数も、私が創業した一九六九年当時は約一四〇〇万台ほどでした。それが十年後の一九七九年には三五〇〇万台を突破します。わずか十年で倍増したのです。自動車だけではありません。住宅も家電も食品も、何もかもが大量生産、大量消費を繰り返していた時代なのです。とはいえ、それは仕方がないことです。自動車も住宅も家電も、どれも社会構造が変化していく際にすべて不足していたものばかりです。生活の電化が進めば、テレビ、洗濯機などを欲するのは当たり前のことです。自動車が便利だとわかれば、皆が自動車を欲しがるのは無理のないことです。人々がモノを欲していた時代なのです。当然、日本の企業も、数多く生産し、数多く販売することを第一義として活動します。

そのような時代の中で、私も三十代を迎えました。世間はバブル経済に突入し、アクセルをさらに踏み込んで経済成長という坂道を登り続けています。私も、自動車解体業を軌道にのせ、さらなる拡大を図ろうと躍起になっていました。

「もっと儲けよう。もっと会社を大きくしよう」

それればかり考えていました。自動車解体の業界を登りつめることが、従業員や家族の良い暮らしや幸せを手に入れる最短距離だと信じていましたし、誰よりもがむしゃらに働いていたのです。そんな上り調子の波に乗っていた三十代半ば、会社の経営において悩むことも多くなっていました。あるとき、義兄から浄土真宗真実派専修寺の僧侶大澤進一師を紹介されました。良き相談相手になるのではと思い、師に会うことにしたのです。そのときの出逢いが私の人生観、仕事観を大きく変えていくことになるとは、そのときは思いもよりませんでした。

大澤師が語られる観念は、仏教という一宗教の域を超えて広がりました。自然の摂理やいのちのあり方、宇宙観にまで及びます。

人には貴賤なく、ただ使命がある。
一人ひとりに与えられた使命をどう果たすかだ。
この身ひとつで生まれ、死ぬときは己の肉体すらも
手放して旅立つもの。
今を生きるこの身に感謝し、喜びをかみしめ、
無限の生命体のひとつとして使命を全うする。
求めるべきは、心の豊かさ、生きる喜びだ。

毎日降りかかるできごとに一喜一憂し、やりがいを感じつつも忙殺されながら、漠然と「人はなぜ、必ず死ぬのに生まれてくるのか」と疑問を持ち続けていた私にとって、このように語る師の言葉に衝撃をうけました。私は師に会うたび、その繰り出される言葉の意味を、少しずつ考えるようになっていきました。

ある日、大澤師からこう告げられました。

「わたしは仏さまから『近藤さんを育てろ』と言われた。だから、あなたを育てるよ。

いま、あなたはちょうど人生の半ばまで来ている。この辺で、これまでの人生を清算したらどうですか?」

正直、私は戸惑いました。この言葉は何を意味するのだろう。具体的に私は、何をどうしたらよいのだろう。大澤師は、それきり何も言わないのです。

私は、価値観の大きな転換を迫られていると感じました。しかし、価値観などはそう簡単に変わるものではない。それもよくわかっていました。それでも、色々と考え、悩み、最終的にたどり着いたのは『自分の使命』だったのです。

今自分が携わっている自動車解体業、この仕事を通じて世の中に何かを残すことこそが、私に与えられた使命なのではないかと気づかされたのです。

人間は損得で動きます。「もっと上を」「もっと有利に」と、際限なく高みを目指す行動にはきりがなく、争いしか生みません。世の中の多くは自分の財を囲い込み、他者の財を奪おうとします。最たるものは戦争でしょう。そこまでいかなくても、地球の資源を無限のものかのように消費し、自分に都合が悪くなると捨てるといった行動の結果が何を生み出すか。

しかし、時代はまだまだバブル経済の絶頂を極めています。具体的なイメージまではできなくとも、私自身は自らの生き方、仕事への向かい方、そして「何を残すのか」という価値観の転換ができたのは事実です。この時期に、師と出逢い、そのような視点で過去の生き方、将来の進み方を見つめ直す機会を得たことが、「下山の経営」を貫く核となったことは間違いありません。師との出逢いには感謝しかありません。

そして、時代は一九九〇年代へと進み、日本経済にも暗雲が立ち込めてきます。

■「下山の経営」とは?

ここで、先に述べた「下山の経営」について簡単に説明しておきたいと思います。ここまで私の出生から独立までの経緯を紹介してきましたが、みなさんもお気づきの通り、私の半生はまさに、日本の経済成長期と共に幼少期から青春期を過ごしてきました。戦後焼け野原となった日本が奇跡の復興を遂げた、その原動力となったのは「豊かさへの渇望」です。国家全体が貧しさからの脱却を目指し、欧米先進国の豊かさを目指し、山を駆け上がっていたのです。人々の生活は豊かになるにつれ、利便性を求め始めます。前述したように、住宅も家電も自動車も、そして今まで日本にはなかった食べ物も、美味しい料理を提供するレストランも、どんどんと求めます。求めに応じて、大量に生産し、国民が大量に消費します。そして、当たり前のことですが、大量に廃棄して、また新しい商品を求めるのです。こうした大量生産・大量消費・大量廃棄の時代のなか、私は偶然にも自動車解体業に身を投じ、そして自動車リサイクル業の拡大に心血を注いできたのです。

そのおかげで日本は世界トップクラスの経済力を誇るようになりました。なにも日本だけがこのような経済サイクルを回していたわけではありません。世界の先進国が同じように大量生産・大量消費・大量廃棄を繰り返し、経済力を拡大し、豊かな生活を享受していったのです。

しかし、山には頂上が必ずあります。いつまでも登り続けるわけにはいきません。登山であれば、別の山に再度挑戦することができるでしょうが、経済活動はそうはいきません。頂上とはなにか？　豊かさには限界があるのです。住宅も自動車も家電もおしゃれな洋服も、生産するためには資源が必要になります。その資源は有限です。その資源が枯渇すると知ったらどうなるでしょう？　今度は資源の争奪戦が始まります。残念ながら、二十世紀はこの豊かさという山の頂上に登り続けようとし、資源を奪い合い、そしてさらに登山を続けようと躍起になっていた時代なのです。

私が本業とする自動車解体・リサイクル業も同様です。日本の新車の販売台数は、一九七〇年当時は年間四一〇万台前後でした。それが一九九〇年には七七七万台を突破するのです。誰もが新しいモデルの自動車を追い求めて次々と買い換えます。それが経済を拡大させる唯一のサイクルだったからです。しかし、忘れてはならないのは、その新車の陰で廃棄されていく自動車たちです。私たち自動車解体・リサイクル業は、その廃棄された自動車に再度命を吹き込む裏方の役割を果たしていました。とはいえ、それも自動車業界が活況を呈すことにより、恩恵を受けていた業界であるのです。新車が次々と世に登場するから、廃棄される自動車も数多く生まれるのであり、そのため業界も拡大してきたのです。

自動車のリサイクルという点だけ見れば、私たちは環境保護に役立つ事業に当初から関わっていたように見えますが、実は自動車業界の拡大という恩恵を受けて成長してきた業界であり、皮肉なことに廃棄される自動車が増えれば増えるほど、業界が潤うという構図となっていたのです。

また、先にも述べたように、二十世紀の経済は競争の世界です。勝ち抜くこと、利益を上げることこそ正義であり、その頂点を目指し、どの企業も飽くなき競争を繰り広げてきました。その結果、顧客の利益を顧みず、パートナー企業たちをも疲弊させて自分たちだけが生き残ることだけに躍起になる……。果たして、企業経営は競争至上、利益至上のまで良いのか？　顧客もパートナーも皆が幸せになる道はないのか？　そのような考えに至ったのは、日本も含めて先進国が登り続けた山はすでに頂上を迎え、下山の方法を考えなくてはならないのではと感じ始めたからです。私が後年、『アライアンス』という概念を重要視し、日本国内に限らず、世界中の企業とパートナー関係を築き始めるのも、「顧客に喜んでもらい、パートナーにも喜んでもらう」方法を模索していたからです。

二十世紀も終わろうとする一九九〇年代に差し掛かると、日本や先進国の企業は「下山の経営」を念頭に置かざるを得なくなると実感し始めます。日本経済が停滞期に入ったことも大きな要因ですが、世界中で経済の仕組みが大きく変わっていく予兆が出始めていました。併せて、地球環境に対する議論が本格的に始まったのもこの頃です。利益至上主義で登り続ける経営から、一転、山を下っていく経営にシフトしなくてはいけないという経営者としての危機感を抱き始めたのです。

■覚悟が定まった初孫の誕生

一九九二年、私は「有限会社近藤自動車商会」の社名を「会宝産業株式会社」に変更しました。四五歳のときでした。社名の由来は、「宝」に「会」える「産業」の場としたかったから。従業員やお客さまが「宝」と感じる幸せと出逢えるように、会社が従業員やお客さまという「宝」と出逢えるように、そしてこの地球上に、自動車リサイクルで「宝」を循環させる産業となるようにと願って。

実は「かいほう」という言葉の響きにも意味をもたせています。ひとつは「開放」、つまりなんでもオープンにしていくという意味が込められています。従業員にもお客さまにも、社会一般にも、知識やノウハウを開放し、世の中の役に立つことを広げていこうというわけです。

さらにもうひとつ、「介抱」という意味もあります。不利な条件に立たされる国や地域、企業など、弱者の身になって一緒に考えていけるようになっていきたいという思いも込めていました。

社名への思いは募っていたものの、具体的に会宝産業の経営理念として表現するにはどうしたらよいか。なかなかよい言葉が見つからずにいましたが、ふと振り降りてきたのが、次の一文でした。

　会宝産業は、社員一人一人がよろこびを表現し、
　お客様に信頼と安らぎの実感を提供し続け、
　自然環境との調和を計る会社です。

地方の小さな自動車解体業者としては視点がとても高く、壮大な話ではありますが、言葉にすることで形がつくられていくものです。会社が自らの利益のためでなく、従業員や社会、世界の利益のために。つまり、利他の精神で行動することにより、幸せが循環していく経営を、言葉にすることで実現させていこうと考えていました。

従業員一人ひとりが嬉しいことを嬉しいと言える会社を目指そう。お客さまや社会から信頼され、安心と喜びを提供し続ける会社となろう。そうすることで、この会社に関わる一人ひとりが向上を図ることができ、よい循環が生まれます。皆が地球上で生かされた存

社名を「会宝産業株式会社」に改めた直後の写真

在なのだと気づき、幸せになれる社会を目指そう。会社はそのためにあるのです。

社名を改めた一九九二年は、ちょうどバブル経済が破綻した頃です。一気に不況の風が吹きおろし、経済は急降下していきました。拡大・膨張路線を浮かれ走っていた人びとが、足元を見直す転換期であったともいえる時期でした。

地球環境問題が大きく取り上げられるようになり、世界的に動きが活発になったのもこの頃からでした。社名変更した同じ年の一九九二年、ブラジルのリオデジャネイロで地球サミット（国連環境開発会議（UNCED））が開催されました。地球サミットは、当時のほぼすべての国連加盟国一七二カ国の政府代表と二四〇〇人のNGO代表が参加する一大イベントとなり、環境保全と持続可能な開発に向けた地球規模のパートナーシップを構築する「リオ宣言」が採択されました。また、宣言を具体的に実現するため、気候変動条約、生物多様性条約、森林原則声明、アジェンダ21（行動計画）が採択されたのもこのときです。

日本の中でも大きく動き出します。リオ宣言が採択された翌年の一九九三年には、日本の環境政策の根幹を定める「環境基本法」が制定されました。従来の公害対策基本法と自然環境保全法では対応しきれない複雑化・地球規模化した環境問題への対策に向き合う姿勢が明確になっていきました。

世界中で二十世紀型の経済、経営のあり方の見直しが始まったのです。鉄くずを売り続けてきた私たちが自動車リサイクルで環境保全に貢献する企業へシフトしていこうと決意を固めたちょうどその時期に、世界も日本も大きく動き始めたのです。

実は、社名を改める直前の一九九一年、自動車リサイクルの大きなヒントとなるできごとに遭遇していました。大阪の知人の紹介で、クウェート人のバイヤーが中古部品の買い付けに会社を訪れたときのことでした。そのバイヤーは、熱心に工場内を見て回ると、エンジンやサスペンションなどをコンテナ一台分、重量にして二〇トンもまとめて買い取ったのです。代金にすると同じ重量の鉄くずの約三倍でした。これには驚きました。

当時の自動車解体は、廃車を鉄くずのスクラップにして売るのが主体で、中古エンジンや部品をリサイクルし、商品として販売するという発想はありませんでした。せいぜいが、スクラップのついでに積み上げた部品の山からよさそうなものがあれば売る程度だったのです。バブル崩壊後は中古部品の再利用も徐々に広がってはいたものの、お客さまのほうが解体工場を何軒も回って宝探しのように目当ての部品を探している状況でした。日本では中古部品の市場がまだ確立されていなかったのです。

日本の常識からすると、クウェート人のバイヤーの行動は大いに驚かされるものでしたが、同時にひらめくものがありました。海外には市場がある。中古部品は利益の出るビジネスになるはずです。日本では、走行距離が一五万キロメートルを超える自動車の部品は売り物として扱われなくなりますが、海外は違います。三〇万キロを優に超えても走り続け、自動車を使い切るまで利用する国が数多く存在するのです。

当時の収入の柱だった鉄くずは、買取相場がとても不安定でした。価格が下落したらどうなるかと不安が絶えず、常に受け身の経営にならざるを得ませんでした。

スクラップの山から使える部品を「宝」として取り出し、リサイクル商品にして海外に売れば、経営も安定し、積極的に打って出ることができるはずです。なによりも相手も喜んでいる。法外な値段で売りつけているのではないのです。相手も喜び、儲けが出る。そして自分たちも儲かる。顧客に喜んでもらい、儲けてもらい、自分たちも儲かる。まさに、「儲けるから儲かる」へのパラダイムチェンジです。

この経験が背中を押してくれました。会宝産業は、鉄くずスクラップの「解体屋」から、海外の市場を視野に入れた「自動車リサイクル業」へと、大きく舵を切ることを決断したのです。

その後、一九九八年には事務棟と工場を併設した新社屋へ移転。廃車の処理台数が激増し、時代の流れが大量消費から循環再生へと移り変わっていることをひしひしと感じました。同時に、事業のシフトが間違っていなかったことを確信することができたのです。

――さらに前に進まなくては。

二十一世紀を迎えた社内を見渡し、常に将来のビジョンを描いては消し、また描き直す毎日を送っていた私は、どこかまだ覚悟が定まっていなかったのかもしれません。

そんなとき、初孫が誕生したのです。私の腕に身を委ね、安らかに眠り、笑っています。この子の未来に対し、先にゆく者として何ができるのかを強く想うようになったのです。私は経済成長と共に歩み、会社の規模を拡大させることができました。二十世紀型の経済と経営が間違っていたとは思いません。しかし、その代償を後世に残すことになってしまったのも事実です。初孫が無邪気に笑う姿を見ながら、覚悟が定まったのです。

——後始末が必要だ。環境保全に貢献する会宝産業となろう。

社名に込めた使命を胸に、環境ビジネスへと一気にアクセルを踏み込んだのです。

まず、二〇〇二年にISO14001を取得しました。ISO14001は、国際標準化機構(ISO)が発行した環境マネジメントシステムの国際規格で、一九九二年の地球サミットを契機に規格が策定され、一九九六年に発効されたものです。ISO14001は社会経済的ニーズとバランスをとりながら環境を保護し、変化する環境状態に対応するための組織の枠組みを示す規格で、自動車解体業界では先駆け的な取得となりました。国際規格をいち早く取得したのは、環境保全に貢献する社としての姿勢を、従業員はもとより外部に対しても明確に打ち出したかったからです。

さらに、方針を具体化させる体制づくりにも力を入れました。一〇〇〇基のエンジンを保管できる倉庫を増設しました。翌年二〇〇三年には、新たな自動車リサイクル工場も建設。大学の工学部出身者を含めて毎年従業員を増やし、社名を改めた当時は六名だった従業員は、あっというまに二〇人、三〇人と拡大していきました。

短期間で一気に会社の規模を拡大させたのにはもうひとつ理由がありました。二〇〇二年に法案が国会で承認され、二〇〇五年から施行された自動車リサイクル法です。地球サミットからの環境保全の流れは、自動車産業全体へ大きなうねりとなって押し寄せていました。解体業もその波から逃れられなくなっていたのです。

二〇一一年には処女作となる『エコで世界を元気にする！　価値を再生する「静脈産業」の確立を目指して』（ＰＨＰ研究所）を上梓しました。これは当時、環境分野で初めてノーベル平和賞を受賞したケニア人環境保護活動家であるワンガリ・マータイさんが日本の「もったいない精神」に感銘を受けたという話を聞いたからです。私たちも自動車リサイクルの世界で「もったいない」を実現していくという自負を多くの人たちに知ってもらいたかった。二十世紀の後始末を「静脈産業」として確立し、顧客もパートナーも喜ぶ、「儲

ける から儲かる」ビジネスへ転化していくという宣言をさせてもらいました。

本書は、処女作で宣言をさせてもらった後から現在に至るまでの私たちの実践の記録です。環境を第一義に考え成長する経済を生み出すことができるのか、という壮大な実証実験です。石川県金沢市の中小企業の創業者が初孫の笑顔に決意を固め、挑戦を繰り返してきました。もちろん、成功したことも数多くありますが、その分、失敗したことも多数です。「成功から学ぶことはないが、失敗から学ぶことは数多くある」というのが私の持論です。だから私は失敗を失敗と感じないので、まわりの人をヒヤヒヤさせることも多いかと思います。それでも、処女作で宣言したことの五〇パーセントは実現できているのではないかと思っています。次章以降では、私たちが取り組んだ事業を詳しく紹介していきます。

さて、二〇〇一年に誕生した初孫は成人を迎えました。いずれこの子も親となります。そうすると、その次の世代の世界も心配になるものです。後世の人々が安心して生活できる世界を切り拓くのが私と会宝産業の使命です。だから、道半ばなのです。

挑戦は続きます。

第2章

自動車リサイクルにみる循環産業の「完成形」

■環境保全の流れをつくった「豊島事件」

前章で、一九九一年に出会ったバイヤーの買付けに、他者も喜び儲けてもらいつつ自分も儲かる商売のあり方を発見し、翌一九九二年に会宝産業と改名し、自動車リサイクル企業としての道を踏み出した話を紹介しました。さらには二〇〇一年に初孫が誕生したのをきっかけに、会宝産業は「後始末」を担う自動車リサイクル業へと一層のアクセルを踏み込んでいきました。しかし当然のことながら、はじめからトップギアで突き進んだわけではありません。具体的にどうやれば企業として利益を上げながらやっていけるのか、ずっと手探りの状態でした。

その背景のひとつに、一九九〇年代以降の日本の経済状況があります。まだまだ大量生産・大量消費・大量廃棄の全盛期の名残を引きずり続けていました。環境基本法が制定されたのは一九九三年でしたが、自動車リサイクル法が施行されるのは二〇〇五年とかなり後です。環境保全と経済のはざまで混沌としていたのです。

その典型ともいえる大きなできごとが、香川県の「豊島(てしま)事件」でした。

豊島事件は、高まる産業廃棄物処理の需要に目をつけた業者が十数年にわたり不法投棄を続けた戦後最大級の事件といわれています。

豊島事件の発端は、一九七五年に土地を所有する事業者が有害産業廃棄物処理場建設の許可申請を行ったことでした。この事業者は一九六五年ごろから土砂を大量にとり違法な埋め立てを行っていたこともあって、住民の反対運動などが起きました。一旦は処分場の処分許可内容を無害な産業廃棄物へ変更することで、香川県が一九八七年に事業許可を出したのですが、それから不法処理が始まります。

自動車由来のシュレッダーダスト（ASR）、廃油、廃酸、焼却灰、古タイヤ、ドクロマークのついたドラム缶などが、続々と豊島に持ち込まれました。その量は六〇万トンとも八〇万トンともいわれます。未処理のまま放置された堆積層は八メートルにも及びました。野焼きによる悪臭やダイオキシンなどの有毒ガスによりぜんそくなどの健康被害が相次ぎ、地下水層から染み出し流れ出た汚染水により沿岸の生物が死滅。沖合三〇〇メートルまでの養殖場が壊滅的な被害を受け、廃業に追い込まれてしまいました。住民が県へ訴えても、許可外の廃棄物とみられるものは金属回収業の一環で回収された有価物だ、野焼きも焼却設備の指導をしていると回答するばかりで取りあわず――後にわかったのですが、業者からの圧力もあったらしく、県は業者へ古物商の届を出して有価物として取り扱うよう助言をしていたのです――豊島はゴミの島になってしまいました。

一九九〇年にようやく兵庫県警により業者が摘発され、翌年裁判で執行猶予付きの有罪判決となりましたが、膨大な量の廃棄物の処理はとても業者で行えるものではありません。廃棄物処理の後始末は混迷を極めました。住民、香川県、排出事業者、処理業者との間で公害調停が始まり、二〇〇〇年に調停成立。公費による原状回復が行われました。廃棄物と汚染土壌の総重量は約九二万トンまで膨れ上がり、二〇一七年にようやく全量撤去となりました。撤去完了まで一六年以上、その費用は約七七〇億円を要したのです。

しかし、豊島の問題はこれで終わりではありませんでした。処分地に降った雨水は廃棄物と汚染土壌を通って、高濃度に汚染された地下水となっています。二〇二三年を完了の目標に浄化作業が行われていますが、いまだ基準値を超える汚染が確認され、処理は終わりの姿を見せていません。

豊島事件で教訓にしなければならないのは、大量生産・大量消費、大量廃棄の「後始末を考えないものづくり」による排出処理をどう扱うべきだったのかという点でしょう。

格安で廃棄処理してくれる産廃業者へ押し付け、つくった後を顧みないメーカー、その要求に応えて格安で処理を請け負い、不法投棄で帳尻を合わせる産廃業者。排出側は、処理側へ廃棄物を委託した段階で排出責任を果たしてしまえる構造のため、産廃業者がその先でどのように処理をしているかに関心が向きません。それどころか、いかにして経済効率よく捨てるか――コストのかからない処理業者を探すかに腐心し、その結果、格安料金で処理を請け負う裏で不法投棄を行う事業者が重宝され、合法的な処理を行う事業者が淘汰されるという不条理な状況を生み出しています。

実際、豊島事件の場合、事業者は一トンあたり一七〇〇円という破格の値段で廃棄物処理を行っていたことから、関西圏の廃車シュレッダーダストの実に三分の二にあたる量が搬入されていたといわれています。摘発されるまでの一二年間で、不法投棄による埋立量は、事業者の処理能力の三〇年から一〇〇年分にも達していたといいます。

後始末を考えないものづくりは、こうした排出処理へのしわ寄せを生み出してしまいます。処理業者に回してしまえば排出完了というつくりっぱなしのエゴ体質を変えなければまた第二の豊島事件が起きてしまうでしょう。

各種のリサイクル法が整備されてはいますが、制度があれば解決するほど単純なものではありません。後始末を考えずにつくり続ける排出側優先の価値観を転換し、後始末側からの観点でものづくりを考えるパラダイムシフトが求められています。

大量生産・大量消費の中で一方通行の廃棄処理を繰り返すのではなく、用途の終わったものを再び使えるものへと再生する循環のしくみで後始末を考えていく必要があるのです。


社会経済の構造を、人体の循環システムになぞらえ、「動脈」と「静脈」に例える言葉があります。素材を加工・組み立てて生産し、消費者に届けるまでの流れを「動脈産業」、生産者や消費者などから発生した廃棄物を回収・処理し、もういちど生産に必要な素材へと再生するまでの流れを「静脈産業」とみなす考え方です。

これまで使用済み自動車の処理は一方通行でした。動脈部分で生産され、消費されて廃車となった自動車は、いわゆる「老廃物」の扱いを受け、いかに適正な最終処分を行うか――つまり、いかにうまく捨てるか――に重点が置かれていました。しかし、これからの自動車産業は、循環で考えていく必要があります。

私たちの解体事業も、「静脈産業」の処理として、体内での循環と同様、環境と社会を維持していくため、いかに適正に使えるものにするかという観点で進めていかなければなりません。最終処分という受け皿ありきの「形だけのリサイクル」ではなく、限られた資源をあますところなく再利用し、廃棄対象のものたちを再び「動脈産業」へポンプアップして資源を循環させる「静脈産業」を中心とした経済のしくみが必要なのです。

この「静脈産業」をキーにした経済循環の確立こそ、二十世紀型の経済の後始末にほかなりません。

——とはいうものの、実際にはどのようなしくみで確立させていけばよいのだろう。

後始末側は中小・零細企業が多く、花形メーカーが軒を連ねる動脈産業とでは力の差がありすぎます。弱い者にしわ寄せが行き、余裕がなくなってしまう悪循環が生じます。実際のところ、自動車解体業者に対するリサイクル需要が確実に高まるという保証はありませんでした。解体の業界の中では、需要の推移を見定めてから動こうと模様眺めの姿勢をとる事業者が大半です。何億円もの借り入れを伴う設備投資で一気に事業規模を大きくしましたが、リスクは十分感じていました。

二〇〇一年の初孫誕生で背中を押され、未来を守るビジネスへシフトさせようと大きく舵を切ったとはいえ、一介の解体事業者にできることは限られています。

数多くの失敗を重ね、試行錯誤で自動車リサイクルのしくみを展開させる挑戦が始まりました。

■RUMアライアンス
——自動車リサイクルの事業者連携で「競争」から「協調」へ

循環型のビジネスに照準を合わせ、静脈産業の王道を突き進もうと決意したものの、自動車リサイクルを収益事業として実現させるためには課題が山積していました。環境問題への取組みを慈善事業のように扱えばいずれ頓挫します。持続可能なビジネスとしていかなければなりません。静脈側でリサイクルの循環を支えるしくみが必要でした。

バイヤーの買付けの行動が大きなヒントとなり、海外に目を転じ、相手を喜ばせる商売で自らも儲かるしくみをつくろうと考えたところで、打ち出す球数がないと喜ばせようもないのです。エンジンなどの部品を再生し販売するには、需要に応じた品揃えが必要です。また、個別の状態に合わせた在庫・流通管理もしなければなりません。動脈産業の場合は、要望に応じてメーカーから調達すれば事足りますが、静脈産業の場合、部品はすべて中古品です。中古車や廃車となったものから取り出さねばならず、計画生産などできないのです。

一介の自動車リサイクル業者が収集できる数には限りがあります。さらに問題なのは、中古部品は車種も品質も一定ではないのです。こんな状態でどうやって採算に乗る規模まで広げていけばよいのでしょうか。

自動車リサイクル法はあくまで環境を守るためのしくみであり、弱小企業を守るものではありません。動脈産業側の自動車メーカーが自社ルートの延長に静脈プロセスを追加するのとはわけが違います。圧倒的に不利です。

自動車リサイクル業界の他業者たちがみな様子見になってしまうのも、この問題についての特効薬がないからでした。

——みんながそうなら、仲間でやればいいのではないか。

そう考えて構築したのがアライアンス（提携）でした。

複数の事業者が連携すれば、品揃えに関する課題はある程度解決するはずです。私は、手始めに地元の同業の七、八社に声をかけ、中古部品販売の協同組合を発足させました。互いの部品を融通しあうしくみは、それなりに機能しました。

数年ほどは海外への輸出と並行して国内での中古部品販売の実績を伸ばすことにも成功しましたが、ほどなく組合の中がぎくしゃくとし始めました。

人間、誰しも損得で考えてしまいます。自社の部品を販売することを優先するあまり、事業者間での調整に応じないトラブルが出るようになってしまったのでした。

このままでは組合に所属していても意味がない。私は協同組合のしくみを断念し、脱退することにしました。

――志に理解がないと長続きしないのだ。

そう痛感した私は、新たな道を探りました。仲間を募るための旗印を利益の確保にしてしまうと、どうしても自社の利益を優先したくなってしまいます。ビジネスのしくみこそ理念が必要です。目的を変えなければならないのです。

「これからの時代、われわれの仕事も環境への対応なくしては成り立たない。手を携え、そのような時流に沿ったビジネスモデルを構築し、共に地球環境の保全に貢献していこう」

私は、アライアンスの目的を環境ビジネスとしての社会貢献とし、人脈を頼りに口説いて回り、広く全国へ賛同者を求めました。

一人、また一人と賛同者が集まりました。

こうして二〇〇三年、自動車リサイクル法の法案が通った翌年に設立したのが、RUMアライアンスです。

RUMはRe-Use Motorization（リユース・モータリゼーション）の略で、二〇〇四年からは内閣府認証の特定非営利活動法人（NPO法人）として活動しています。

二〇二〇年八月現在、正会員一六社、サポート会員三社の一九社が参加。加盟各社の営業エリアが離れていて損得で競合することがないため、胸襟を開いて情報交換し、切磋琢磨しあっている仲間です。

ＲＵＭアライアンスでは「競争から協調へ」を大きなテーマに掲げています。加盟各社は、素材部門に強い企業、国内販売に強い企業、海外販売に強い企業など、多様な特長をもっています。それぞれの持ち味を生かした連携により、環境時代における静脈産業のビジネスモデル構築という大きな目的の達成を目指していこうというわけです。

ＲＵＭアライアンスの活動は、自動車リサイクルの品質管理の標準化と啓蒙、リサイクル技術の向上と人材育成を大きな柱としています。自動車リサイクルの事業を質の高い環境ビジネスへと引き上げ、ものづくりの動脈産業に匹敵する自動車リサイクル・リユースの静脈産業を構築すべく、品質管理の標準化のほか、従事者の技能や人間力の向上を目指す交流・研鑽を通じ、日本及び世界の自動車リサイクル事業の底上げを図っています。

ＲＵＭアライアンスの活動は国外に広がっています。国際リサイクル会議を開催したり、国際協力機構（ＪＩＣＡ）と連携したプロジェクトを立ち上げ、海外からの視察や研修を受け入れたりもします。

また国内では、地域・社会活動の一環として自動車リサイクルを啓蒙するイベントを実施しています。会宝産業ではこれを「会宝リサイくるまつり」と呼んで毎年八月に開催しています。そのほか、自動車リサイクルの工場見学を受け入れたりもしています。

IREC（国際リサイクル教育センター）の竣工式でテープカットするRUMアライアンスのメンバー

自動車リサイクルの研修も実践的です。二〇〇七年からは、会宝産業が敷地内に設置した国際リサイクル教育センター（IREC）の運用を全面的に支援。自動車リサイクル技能者養成の研修を三〇回以上実施してきました。新入者、営業者、現場実務者、管理者、経営者とコース別に技術や心得を学ぶことができる充実した研修内容になっています。

IRECの活動については後の節にて詳述します。

■ＫＲＡシステム
──世界をめぐるシステムの構築

理念で統一された全国での連携を構築する一方、足元のビジネスモデルをどうするかは大きな課題でした。

循環産業はあくまでもビジネスです。非営利を目的としたＮＰＯ活動とは異なり、会宝産業が会社として従業員とその家族を守るための持続的な利益を確保する体制を確立させなければならないのです。

ＲＵＭアライアンスは、ビジネスモデルを構築するための土壌となるネットワークですが、具体的なビジネス運用のシステムは、独立して機能させなければ持続的に利益を生むしくみになりません。

アライアンスのネットワークを効果的に支えるシステムが必要です。

日本から世界へ輸出される中古車の数は年間で一〇〇万台を超えます。日本製の車は性能が良く、海外では何度も修理され、使い回されています。走行距離が一五万キロメートル程度で使用済み自動車となる日本車の中古エンジンや中古部品は、引く手あまたの良品なのです。市場は海外に大きく広がっています。このような海外のニーズに応えるためには、なによりも供給体制の充実が鍵となります。

一社ですべてを賄うには無理がありすぎます。また、偏った情報のやりとりでは囲い込みや不公平感などが出てうまく回っていかないことは身にしみていました。

中古エンジンや部品を商品として円滑かつ安定的に国内外へ供給するには、提携した仲間の事業者それぞれがもつ中古商品の種類や状態がひと目でわかり、要望に応じてすぐに出荷できるよう、在庫の状況を的確に把握するしくみが必要だと感じました。

この課題の強い味方となったのが、インターネットという情報通信の技術でした。

ＲＵＭアライアンスを発足させた二〇〇〇年初頭は、インターネットはようやく普及しはじめたばかりのころで、通信技術もパソコンの処理能力もまだまだ、使い勝手も現在とは比べ物にならない拙さでした。ただ、世界を蜘蛛の巣（ＷＥＢ）のようにつなぎ広げる情報通信のしくみにより世界が新たな経済の流れを生み出す兆しを見て、大きな可能性を感じました。

インターネットは正直です。誰もがフラットにアクセスして情報を取得することもでき、また発信者ともなることができます。データは何度でも複製され、転送され、世界中に広がって独り歩きします。

どんな道具も使い方によって善にも悪にもなります。悪意のある情報をコントロールできない恐ろしさはあります。しかし逆に考えれば、嘘のない取引をし、まっとうな情報を流し続ければ、勝手に正しい評価が広がっていく可能性もあるのです。

私はインターネットの「善」に賭けました。

こうした信念のもと、会宝産業が業界に先駆けて開発し、二〇〇五年にリリースしたのが「KRAシステム」でした。

Kは会宝、Rはリサイクラーズ、Aはアライアンスの頭文字です。システムの名称の中にアライアンス「A」を組み込んだのは、このしくみを活用したいと考える国内の同業者と、志を同じくして提携する体制を確立させたかったからでした。

開発当時は、インターネットのブラウザを利用した業務システムなど出回っておらず、手探りでしくみを考え、システムを構築しました。私はやってみたい夢を語るだけですから気楽なものですが、開発に携わり、一緒に夢を形にしてくれた従業員のみなさんの苦労は想像以上のものだったに違いありません。ありがたいことです。

KRAシステムは、インターネット上に中古部品の情報を掲載します。単に在庫情報が集約されているだけではありません。中古部品は一つひとつ状態が異なるため、詳細な部品情報がわからないと不信感が募ります。このためKRAシステムでは、中古エンジンや部品の一つひとつにバーコードをつけ、商品情報をオープンにしています。

何年式のどんな状態の中古車から取り出したのか、どのような処理を施したのか、販売済みの部品はどの顧客に渡ったか、同じ種類の在庫はどれだけあるかなど、自動車リサイクルを成功させるしくみに必須のトレーサビリティ（生産・流通履歴）のシステムを具現化したのが、KRAシステムです。

誰だって、多少は現実より「見栄え良く」アピールしたくなるものです。嘘まではいかずとも、あるいは騙したつもりはなくとも、買ってもらうことを優先すれば事実を誇張してしまいます。しかし、一度きりの取引ならいざしらず、買った側からすると、ギャップが積み重なれば信用できなくなってくるでしょう。

中古品の売買は「商品の当たり外れ」が大きいと思われがちです。履歴があいまいだったり、具体的な状態が隠されたりしていると「ほんとうは屑のようなものを、ごまかした表示で売っているのではないか」と警戒してしまいます。

会宝産業としては、信頼に基づく取引をなにより大切にしたいという思いがありました。このため、できるだけ具体的で透明なデータの共有こそが、正直な取引だと信じてもらえる方法だと考えたのです。

商品や取引に関する情報をありのままに開示するというのはとても勇気がいることです。会宝産業に不利になってしまうのではないかと懸念する声も聞かれました。それでも私はまず自分の利益ではなく、お客さまの利益を優先しようと考えました。

お客さまに納得していただくため、誠実な取引だと誰にもわかる情報を透明な状態にしたことは、中古部品を扱う業者としては画期的な姿勢でした。他業者からは無謀とも思われていたかもしれません。しかし、それが結果的には、最も効果的にお客さまの納得と信頼を獲得するしくみとなりました。

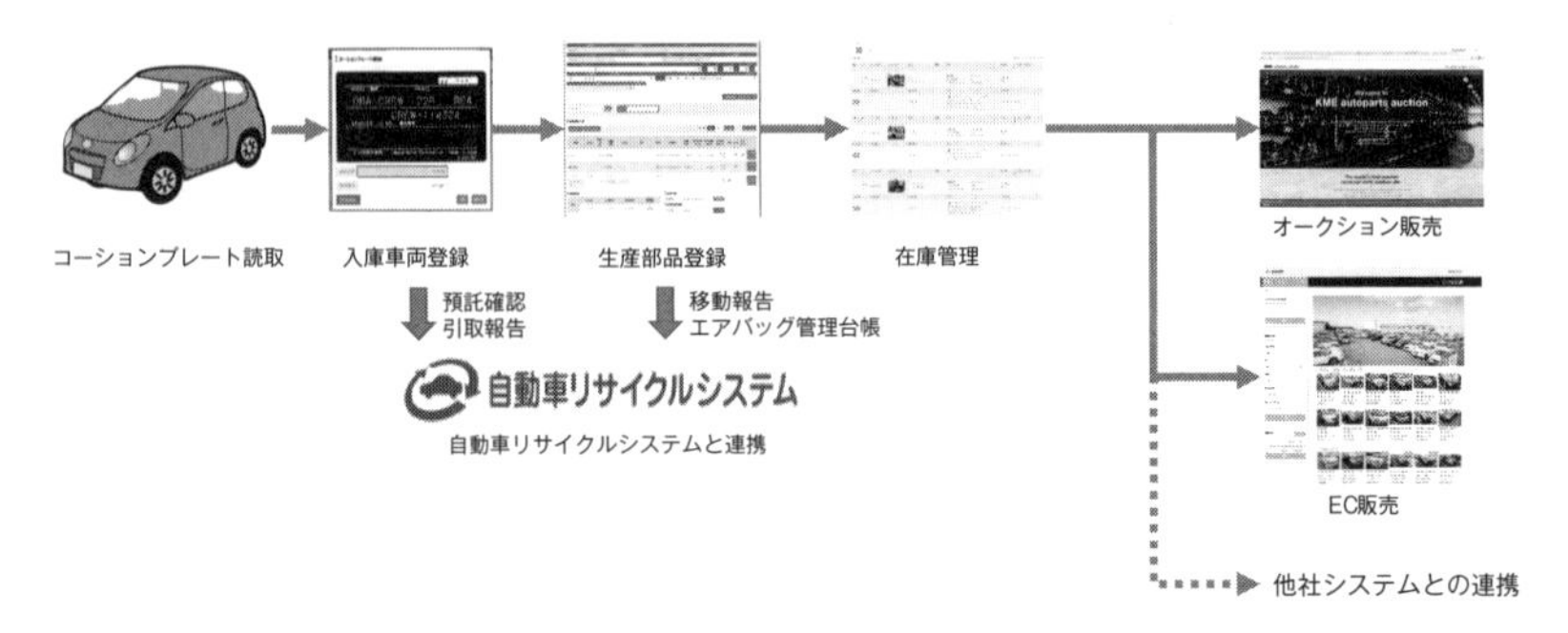

KRAシステム　車輌の入庫から生産、販売までの流れ

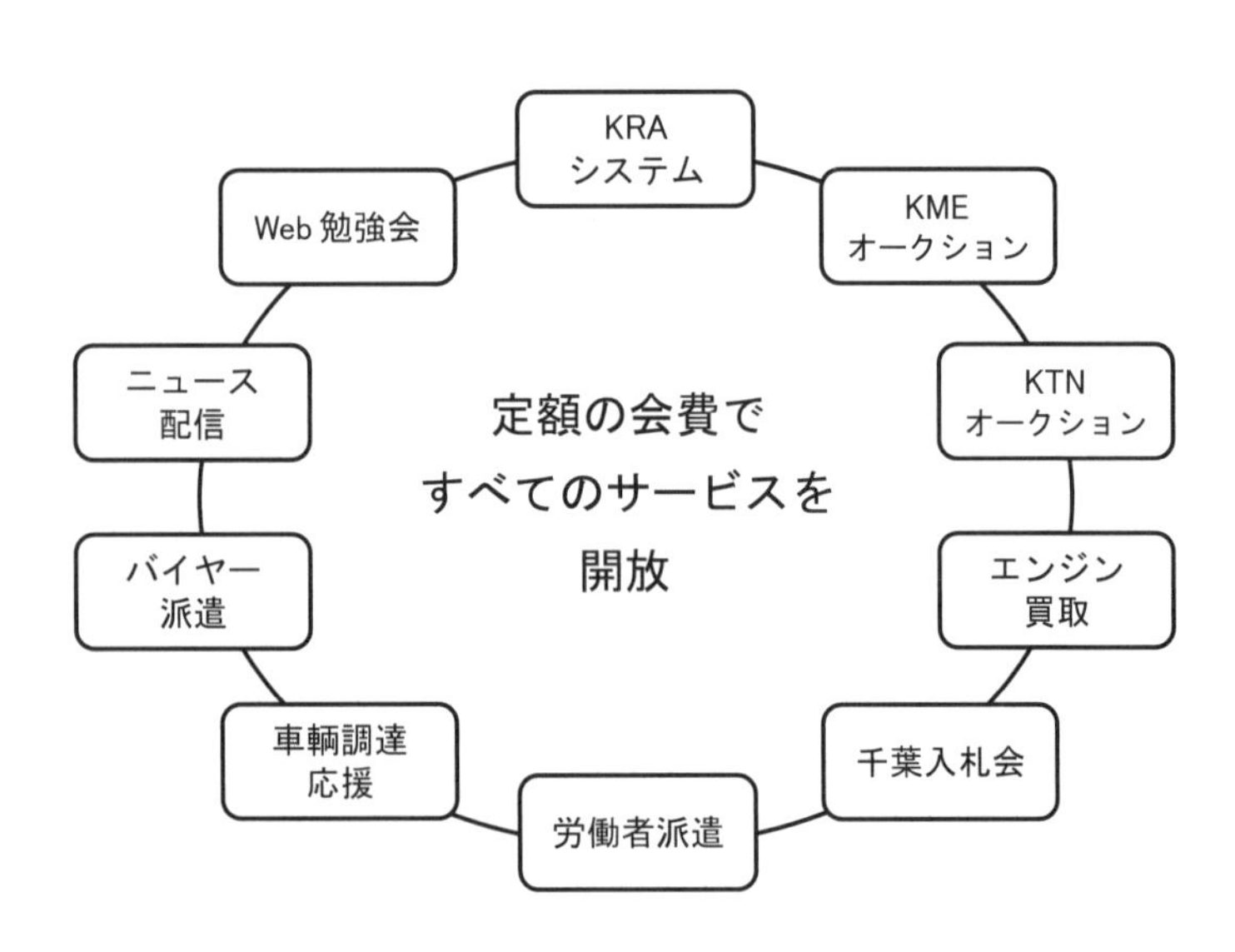

2021年現在のKRAの主なサービス

ＫＲＡシステムを活用するメリットは、会宝産業の販売ルートの拡大だけではなく、調達ルートの拡大にもつながっていきました。

ＫＲＡシステムでは、その時々の中古車オークション相場などをもとに買取価格も提示しています。適正な売却価格がわかって安心できるため、同業者でも個人でも、大幅に売却の機会が増えることにつながりました。

さらには、同業者にとってもメリットが大きかったのです。

ＫＲＡシステムは海外の取引先とのホットラインとして活用できます。これが大きな利点となりました。

自動車リサイクル業者が単独で取引するのはたいへんです。海外の取引には、外国語での交渉、物流、資金回収など、面倒な手続きが満載なのです。加えてリスクも国内に比べるとかなり大きくなります。

ＫＲＡシステムは、英語はもちろん、ロシア語、スペイン語、中国語、フランス語にも対応します。外国人スタッフを含め、会宝産業の従業員がオフィスに常駐し、アライアンスを支援し、システムの円滑な運用を支えています。

KRAシステムの縁の下の力持ち、国際事業部オフィス

スタッフたちはＫＲＡシステムを利用するアライアンス業者たちに代わって、世界各国の取引先から寄せられた注文をさばき、コンテナで商品を発送する手配をします。アライアンス業者は面倒な海外取引の手続きを気にすることなく、部品の供給に専念できるというわけです。

ＫＲＡシステムが自社だけでなく同業他社も幸せにするシステムだと認められ、アライアンス企業は着実に増えていきました。

中古部品の情報をインターネット上で管理し、流通させるＫＲＡシステムの独創性は、国内のさまざまな機関に高く取り上げていただきました。

開発翌年の二〇〇六年には、「高い技術と独自のノウハウで全国的なモデルとなれる企業」として評価され、「石川県ニッチトップ企業」に選定されました。その後、経済産業省の「ＩＴ経営百選最優秀企業賞」「中小企業ＩＴ経営力大賞」を相次いで受賞しています。

ＫＲＡシステムは、多くのお客さまからの支持を得て、軌道に乗りました。

現在のＫＲＡシステムは四代目です。世界の情報ネットワークも進展しました。使用済み自動車の仕入れ、エンジンや部品の取り出し、在庫管理、販売までの一連の履歴をすべてクラウドデータで一元管理しています。中古部品の在庫状況や価格といった商品情報がすべて「見える化」されており、同業者だけでなく全世界のユーザーがいつでも確認できるようになっています。

現在ＫＲＡシステムを導入し活用している企業は国内で七二社、海外ではブラジルとインドにも広がりました。

中古部品の取引先は、インターネットを介し、約九〇カ国とつながっています。

ＫＲＡシステムは、自動車リサイクル総合管理のネットワークシステムとなり、公正で信頼できる取引を世界中で実現するプラットフォームとして今も進化し続けています。

直近では、ＡＩ（人工知能）による画像読み取り機能が新たに搭載されました。これにより、コーションプレート（車体番号や型式、色などの固有情報が記載された銘板）の画像を撮影するだけで、車両登録から自動車リサイクルシステムへの引取報告までの作業時間が飛躍的に改善されました。


ＩＴ化が進むにつれ、その機能を悪用し、情報操作することもたやすくなりました。たしかにインターネットは怖いし胡散くさいかもしれません。一歩間違えば大きなダメージを受けるものであることは間違いないでしょう。しかし、リスクの高さは、それだけポテンシャルの大きな道具だからこそともいえます。

私は、ＩＴ技術のもつ機能と可能性は、信頼の絆を強くし、ビジネスを大きく広げる最強のツールにつながると考えています。

「儲け」は、その字のごとく、「信」じる「者」の間に生まれるのです。

■ＪＲＳ（ＰＡＳ777取得）
——品質管理の標準化、国際化

良いしくみを支えるのが、品質です。システムの機能がいくら良くても運用が悪ければ続きません。特に、システムの中で流通する現物（商品）の品質が悪ければ、お客さまはすぐに離れていってしまいます。

ＫＲＡシステムは、オープンに品質の表示を行い、中古市場に流入しがちな粗悪品を排除しネットワークの品質を保ち続けたことが、他の流通システムとの差別化につながって成功したといえるでしょう。

品質を保証する大きな軸となっているのが、二〇一〇年に設置した輸出用中古部品の品質表示規格「ＪＲＳ」です。

システム運営を良い循環にするためには品質評価の標準化が不可欠です。会宝産業は、誰もが客観的に品質を評価できる規格をつくり、システムと連動させたのです。

ＪＲＳは、Japan Reuse Standard（ジャパン・リユース・スタンダード）の頭文字です。

輸出用の中古エンジンを分解せずに品質評価するための標準規格を設けました。

ＪＲＳのタグ表示例

ＪＲＳでは、次の六項目を評価します。

・各気筒のコンプレッション（圧縮）のぶれ
・走行距離
・エンジンの始動状態
・内部のオイルの汚れやオイル漏れ
・ラジエーターホースの状態
　（オーバーヒートの有無）
・腐食などの状態

各項目は五段階で評価されます。さらに、評価結果はひと目でわかるようにタグにして、部品に取り付けて流通させます。

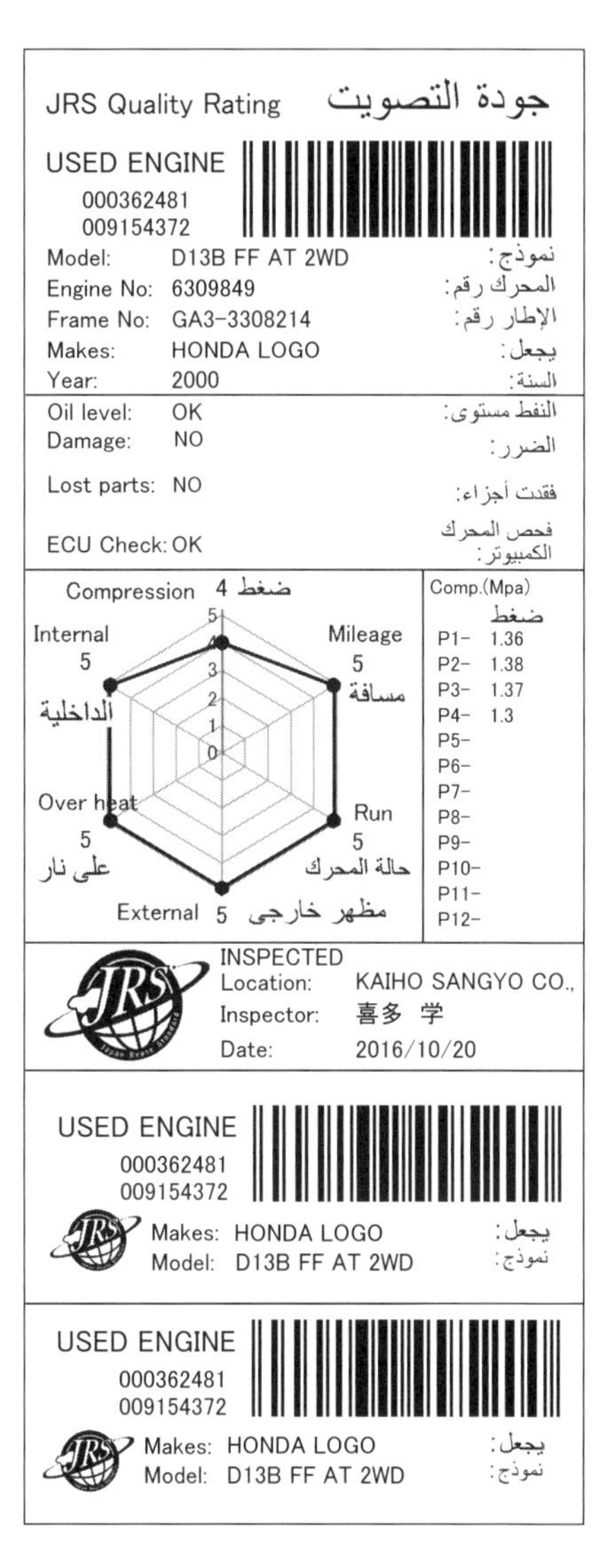

ＪＲＳのタグ表示例

特に、エンジンの性能で問題となるピストン圧縮の状態については、エンジンを車に載せた状態で各気筒のパルスを読み取る独自の検査システム（ＪＲＳエンジンテスター）を開発しました。エンジン燃焼室内の異常、偏摩耗を確認できるシステムの導入により、客観的なエンジンの機能評価を公表するしくみをつくったのです。中古部品の取扱いとしては画期的なしくみでした。

ＪＲＳにより、エンジンの状態を客観的な指標で公表し、中古部品を購入した後のクレームやトラブルを未然に防ぐことができるばかりでなく、品質に合った適切な価格で流通する中古部品市場の発展にも寄与することとなりました。

この規格を設定したきっかけは、ケニア規格局（KEBS:Kenya Bureau of Standards）長官からの相談でした。二〇〇九年、輸入した中古部品の中に劣悪な商品が多く含まれて困っていると悩みを打ち明けられたところから始まったのです。

自動車の中古部品の中で主力商品となるのはエンジンですが、外観の良さと品質は一致しないのです。走行距離が五万キロメートルと一〇万キロメートルとでは明らかに性能に違いがあるにもかかわらず、見た目がきれいなものは性能も良さそうに見えてしまいます。

商品は、見た目に左右されて値段をつけてしまい、実際の価値にあわない価格で取引されがちです。性能に不安がつきまとうため、取引されるときは安全をみて低めの価格に抑えられてしまいます。粗悪品と正当な商品との違いがひと目でわかれば、良い商品はまっとうな値段で取引されるようになります。商品の価値に応じた値段で正しい取引が成立する市場を目指そうと設けた規格がＪＲＳでした。

ケニア政府に対し、ＪＲＳの基準に合格した部品だけを輸入すると良いのではないかと提案したところ、とても良い反応を得ました。これは他の国でも困っているのではないか。そう思った私は、シンガポールのディーラーにもＪＲＳに基づく取引をもちかけてみると、やはり同じような悩みをもっていたことがわかりました。そこで取引の了解を得て、現地法人を立ち上げたりもしました。それからは、積極的に海外へ規格のメリットを伝えていきました。海外への展開については、後の節で詳しく説明します。

中古エンジンの規格は、さらに国際版へと進化します。

ＪＲＳを海外での規格として通用する品質に引き上げるため、ＪＲＳの技術仕様書を英国規格協会（ＢＳＩ：British Standards Institution）に申請したのです。そして二〇一三年一〇月、ＰＡＳ７７７（スリーセブン）が公開仕様書として認証を受けました。世界初の、中古エンジンの検査基準に関する国際規格が誕生したのです。

ＢＳＩは、ＩＳＯ９００１（品質マネジメントシステム）など、数多くの代表的な国際規格をつくった機関です。ＢＳＩで認証され公開仕様書（ＰＡＳ）となったことにより、国際的に認知度や信頼度の高い規格となります。

ＰＡＳ７７７は、正式名称が「Specification for the qualification and labelling of used automotive engines and any related transmission units」という公開仕様書（Publicly Available Specification：ＰＡＳ）です。和訳もずいぶん長い仕様書名です。「中古オートモーティブエンジン及び関連するトランスミッションユニットの機能評価及びラベリングに関する仕様書」といいます。

ＰＡＳ７７７は、中古車のエンジンの海外輸出の際に、「品質と価格が一致した適正な市場が確立されていない」こと、「中古エンジンの機能を測定するための共通の基準が存在しない」ことに着目しています。そして、「世界のどの地域においても適用可能な強固で監査可能な方法を用いて中古オートモーティブエンジン及び関連するトランスミッションユニットの評価及びラベリングに関する適格要件を提供することを目的」とします。

この公開仕様書の発行により、新たな市場、産業と雇用の創出、二酸化炭素の排出量や資源の使用量の削減と地球環境汚染の減少を実現し、持続可能な世界経済の発展に寄与すると位置づけられています。ＰＡＳは、将来的には国際的な背景やＰＡＳの開発と提示方法に伴い、ＩＳＯ規格に展開する可能性もある規格です。

国際的に通用する指標として明確な品質基準を設けたＪＲＳ／ＰＡＳ７７７は、ＫＲＡシステムに掲載した中古商品の信頼度を世界的に大きく高めました。

ＫＲＡシステムの商品はハズレがないと認められ、販売価格も品質に見合った適正なものであると安心してもらえました。取引がスムーズに進み、商品の流通が活発になるなど、大きな効果を発揮しています。

ＫＲＡシステムはプラットフォームです。どんなに優秀な機能を備えていても、参加する人たちが安心して運用できるルールが明確でないと回っていきません。システムが自律的に機能するためには、運用の基準が不可欠です。そして、運用者が安心して利用できるよう、規格の標準化が必須といえます。

さらに、その基準となるものは、誰もが納得できるものでなければなりません。

会宝産業の目指すシステムは、明確な目的——地球環境を守るという目的があります。また、関係者すべてが公平に利益を得るしくみの構築という、ぶれない目標があります。

ＪＲＳ／ＰＡＳ７７７という規格化、スタンダードな基準づくりの根底には、ゴミまがいの中古部品を市場から追放し、健全な市場を確立する狙いがあります。良質な中古部品の再利用が長く続くことにより、資源の持続的な活用、ひいては地球の負担軽減につながるというわけです。

この信念が、ケニア規格局長官から悩みを打ち明けられてからわずか四年で国際規格として認証されるまでに標準化できた原動力だったのではないかと思います。

ＪＲＳ／ＰＡＳ７７７の規格によって品質が保証された商品が、ＫＲＡシステムを通じて流通することにより、地球規模での取引ネットワークが広がり、中古部品を再利用する同業者の連携が進みます。並行してＲＵＭアライアンスの仲間が協力し、国際的な環境保全の啓蒙活動を推進します。

具体的な連携と協力の積み重ねが、自動車リサイクル業の静脈機能を高めるモデルケースとなっていきました。

■ＩＲＥＣ
——自動車リサイクル研修で人材育成のしくみを構築

自動車リサイクルが機能するしくみと、公正な基準が整いました。あとは、そのしくみの中でいかに人が能力を発揮できるかが課題です。いくら良いシステムとルールが整っていても、運用する技術が伴わなければ円滑に回りませんし、人を育てなければ悪用されてしまいます。ビジネスモデルの構築には、運用技術の向上と意識啓発や積極的関与を促す人材の育成が不可欠、いえ、要といえるでしょう。

会宝産業は、人を「宝」と考え、人材育成のしくみとして、自動車リサイクル技能者を養成する研修所をつくりました。二〇〇七年、会宝産業の敷地に設置したＩＲＥＣ（International Recycling Education Center; アイレック：国際リサイクル教育センター）です。ＲＵＭアライアンスの仲間の協力を得て、自動車リサイクル技能者養成の研修を行っ

IREC（国際リサイクル教育センター）

ています。ＩＲＥＣでの研修には、新入者、営業者、現場実務者、管理者、経営者とコースがあり、内容も多岐にわたります。

ＩＲＥＣでの研修は、単に自動車解体の技術にとどまりません。ものづくり産業としての、自動車の循環を考える大局的な見識を養ったうえでの知識や技能を身につけることを主眼としています。

研修では、実際の工場でのリサイクル作業を実地で学んでいくのはもちろんですが、それ以上に、地球規模で起きている環境問題のしくみをはじめ、自動車リサイクルの現状と課題など、技術だけにとどまらないテーマでの学びが多いのも特徴です。

「後始末」を任された静脈産業に携わる

われわれが地球を守っているのだと心得て、自動車リサイクルを天から与えられた職業として誇りをもって働いてほしいのです。

志をもって向き合えば、単なる技術取得ではなく、何のためにその作業を行うのかを理解し、現場での判断や臨機応変の対応に活かすことができます。


もちろん、中古部品を取り扱う姿勢も変わっていきます。

部品のあらゆる情報をオープンにしてトレーサビリティを徹底するKRAシステムや、国際的に通用する品質基準のJRS／PAS777がなぜ必要なのかを正しく理解できるようになります。

誇りをもって自動車リサイクルの品質向上や積極的な公正取引を行う人材が育つことにより、良質な中古部品がさらに多く流通し、市場も安定します。いわゆる「グレーゾーン」の不安がなくなり、再利用や再生利用の資源への信頼が生まれます。

運用する人材が磨かれるほどに、自動車リサイクルが確固たるものとなっていく循環が生まれます。

「信」じる「者」の間に生まれる「儲け」の姿が完成するのです。

ＩＲＥＣには、講義室、研修室、技能研修のための広大なスペースがあります。また、宿泊施設も完備しています。会宝産業の従業員はもちろんここで学びますが、それだけでなく、ＲＵＭアライアンスの加盟社の全面協力のもと海外からの研修も受け入れており、自動車リサイクルのスペシャリストを養成しています。

また、独自の教材として「使用済自動車（ＥＬＶ）リサイクルマニュアル」を開発しました。このマニュアルにより、効率性、安全性、環境配慮を実現する自動車解体の技術を体系的に体得し、解体ラインが確立していない工場などで手ばらし作業を行う際にも、細部にわたってリユース部品を取り出し、再生させることができるようになります。

自動車リサイクル技能者研修は、座学（講義）と技能（実習）を組み合わせたカリキュラムとなっています。体系的に座学と技能を体得するコースのほか、受講希望者のニーズに応じ、柔軟に設計しています。研修は、地元の金沢工業大学が大学院修士課程の一部に組み入れるなど、さまざまな形で広がりをみせています。

さらにＩＲＥＣでは、所定の研修で学科試験と技能試験の両方に合格した者を「自動車リサイクル技能者」として資格認定しています。

IRECでの研修のようす

資格には三級から一級まであります。学科、実技の平均点が共に六〇点から七九点までが三級、八〇点以上で二級が与えられます。一級は、二級合格後に指導者としての能力検定に合格する必要があります。一科目でも五〇点以下があると不合格という厳しいものになっています。

資格認定制度を設けたのは、自動車リサイクル業に携わる人びとのスキルアップだけでなく、社会的地位の向上も狙いとしています。

プロとしての力量が、資格という形で客観的に認められているという証明が明確に存在することで、本人も自信や誇りをもって仕事に携わることができますし、社会の見る目も変わってくるものです。また、自動車リサイクル業界全体としても、資格認定の形で技能の標準化が進むことの意義は大きいといえます。

資格認定制度は、環境ビジネスとして自動車リサイクル業界の地位向上を図り、発展させていくための武器ともなっていけるのです。

一介の中小企業がここまでの規模でスペシャリスト養成の事業を展開するのは、少なからぬ投資を必要としますし、身に余るものではありません。しかし、中途半端に終わらせては意味がありません。私は目的に適った運営を継続させるため、相当の覚悟を決めて予算をとりました。無謀とも思える研修事業に踏み切ったのは、地球環境を守る志に突き動かされたからです。私は信念を貫きました。

人材の育成は自社の利益のために行えばよいものではありません。自動車リサイクル業界全体の底上げを目指す社会貢献事業として捉えなければ結果的にうまくいかないのだと、心の奥底から声が響いていたのです。

私には、ＲＵＭアライアンスの仲間という、同じ志で結ばれた仲間の絆がありました。彼らは、ありがたいことに手弁当で研修事業に力を尽くしてくれました。

世界でも例を見ない自動車リサイクル技能者の養成事業はこうして滑り出したのです。

■自動車リサイクルのしくみを海外に展開

ＩＲＥＣの研修は海外にも広がっています。

ＪＩＣＡ（国際協力機構）に、ＩＲＥＣにおける自動車リサイクルのスペシャリスト養成の取組みが認められ、「中南米自動車リサイクルプロジェクト」が始動しました。

二〇一〇年には、ブラジル、メキシコ、アルゼンチン、コロンビアから、政府、行政関係者、大学教授、メーカー、保険会社の要人一四名が来日し、ＩＲＥＣで三週間にわたる研修を受講しました。このとき、受講したブラジルの大学教授から声をかけられました。

「これは絶対にブラジルで必要になる。どうかブラジルで教えてほしい」

教授からのたっての頼みで、ブラジルの大学でも研修を行うことになりました。

二〇一二年にブラジリアでフォローアップ研修を実施した後、ＪＩＣＡから委託を受けた形で「ブラジル連邦共和国環境配慮型自動車リサイクルシステムの普及・実証事業」を受託。ブラジルのミナスジェライス州の国立工業技術専門学校（CEFET-MG）の校内に、自動車リサイクル事業を行うパイロットプラントと研修センターを設立して機材や設備を導入しました。モデル工場建設は二〇一九年に竣工しました。

サンパウロ州とミナスジェライス州で現地政府や民間企業と協働し、自動車リサイクル政策の立案サポートを行うかたわら、自動車リサイクル工場設備、生産工程、リサイクル技術や経営ノウハウの三つの観点から、自動車リサイクル業を包括的に捉えたしくみの提供を行っています。環境に配慮した自動車解体技術により、ブラジル国内に自動車リサイクルの価値の連鎖を生み出すしくみの構築を目指します。また、廃車回収業を営むのは零細企業や貧困層など格差も多いことから、彼らに技術を提供することにより雇用創出の機会を増やすことにもつながっています。


ブラジルでの取組みはさらに諸国に広がりつつあります。

二〇一七年からは、ケニアのメルーカウンティで事業モデルを展開しています。ケニア政府では従来、中古自動車部品の品質保証がないことから輸入を禁止しようと検討していたほどだったため、ＪＲＳの規格のしくみを導入してはどうかと提案していました。

ケニア市場は、インフォーマルセクターと呼ばれる、行政の指導下に入らない小規模事業者・個人店主・労働者などが経済活動の大半を占めています。自動車リサイクル業に携わるのはインフォーマルセクターの人たちがほとんどです。日本のやり方をそのまま持ち込んでもうまくいかないでしょう。そこで、まず現地で活動の核となるパートナーを探し、自動車リサイクル技術の導入を図ろうと考えました。地元のメルー科学技術大学とも連携し、ケニア国内での技術と流通のしくみを確立することにより、環境にも配慮しつつ持続的な経済活動の発展を図ろうと構想を広げています。

現地には現地の法則があるものです。私のモットーは、現場、現物、現実の「三現主義」。海外でもこの主義は変わりません。日本国内で展開するのは、企業同士で提携するアライアンス。海外では、現地の企業と合弁会社を立ち上げるなど、現地のパートナーをつくり、個人あるいは小規模事業者に経営と技術ノウハウを提供するという形をとっています。さらに、研修を通して優れた技能を持つと見込んだ技術者に対しては、独立して事業を立ち上げられるようコンサルティングを行うと共に、会宝産業のＫＲＡシステムを導入することにより、持続可能な自動車リサイクル事業の経営ができるようバックアップします。

マレーシアの行政官へ行ったIRECでの研修

中南米、アフリカに続いて、東南アジアにもこの展開は広がっています。

二〇一七年から三年間、マレーシアの政府高官、大学教授、現地のリサイクル事業者を招聘し、研修を実施しました。これは、マレーシア政府と日本政府との間で合意した国家戦略「ルックイースト政策2・0プロジェクト（LEP2）」のひとつとして位置づけられる取組みです。

マレーシアでは、空き地などに放置された使用済み自動車が増え続けています。日本のような自動車リサイクル法や関連税制、ガバナンスシステムの施行が急務の課題となっているため、国家を挙げての取組みが進められています。

ボディカットの写真(インド)

インドでも事業を展開しています。

世界には一三億台に上る自動車が存在し、そのうち約四億一千八百万台がインドで保有されています。二〇一八年、インドの最高裁判所は首都であるデリーで車齢一〇年以上のディーゼル車と一五年以上のガソリン車の公道での運転禁止を通告しました。また、二〇二一年四月からは廃車政策の執行を公表しています。

しかし、インドには自動車を適正に処理するための設備や技術が十分にありません。そのため、しっかりと処理がされていない車輛からの廃油・鉛による土壌汚染、廃プラスチック・ガラス・タイヤの投棄・野焼きによる環境汚染は大きな社会課題となり、近隣住民の健康を脅かしているのが現状です。

インド事業との出会いは、一通のメールでした。

会宝産業では、自動車リサイクル事業の情報を世界に発信するため、英語での情報提供を行っています。そこへ、二〇一六年にインドのデリーにあるAbhishek Business Consolidation Private Limitedという会社からメールが届いたのです。

「世界でも自動車リサイクル事業で活躍している会宝産業と、ここインドでまだ大きくない自動車リサイクル事業を通して、環境汚染問題解決に向けて一緒に取組みを行えないかと考えている」

このメールがきっかけとなり、具体的な事業が動き出しました。さっそく両社で話し合いを進め、二〇一九年に合弁会社Abhishek K Kaiho Recyclers Private Limitedの設立に合意し、自動車リサイクル工場設立、稼働に向けて取組みを進めています。

その他にも、シンガポール、インドネシア、ベトナム、中国と、アジア各国の現地企業や大学などの推進パートナーとつながりながら、自動車リサイクル事業の展開が進んでいます。これからも合弁会社を通じ、事業展開や調査などを進めていきます。

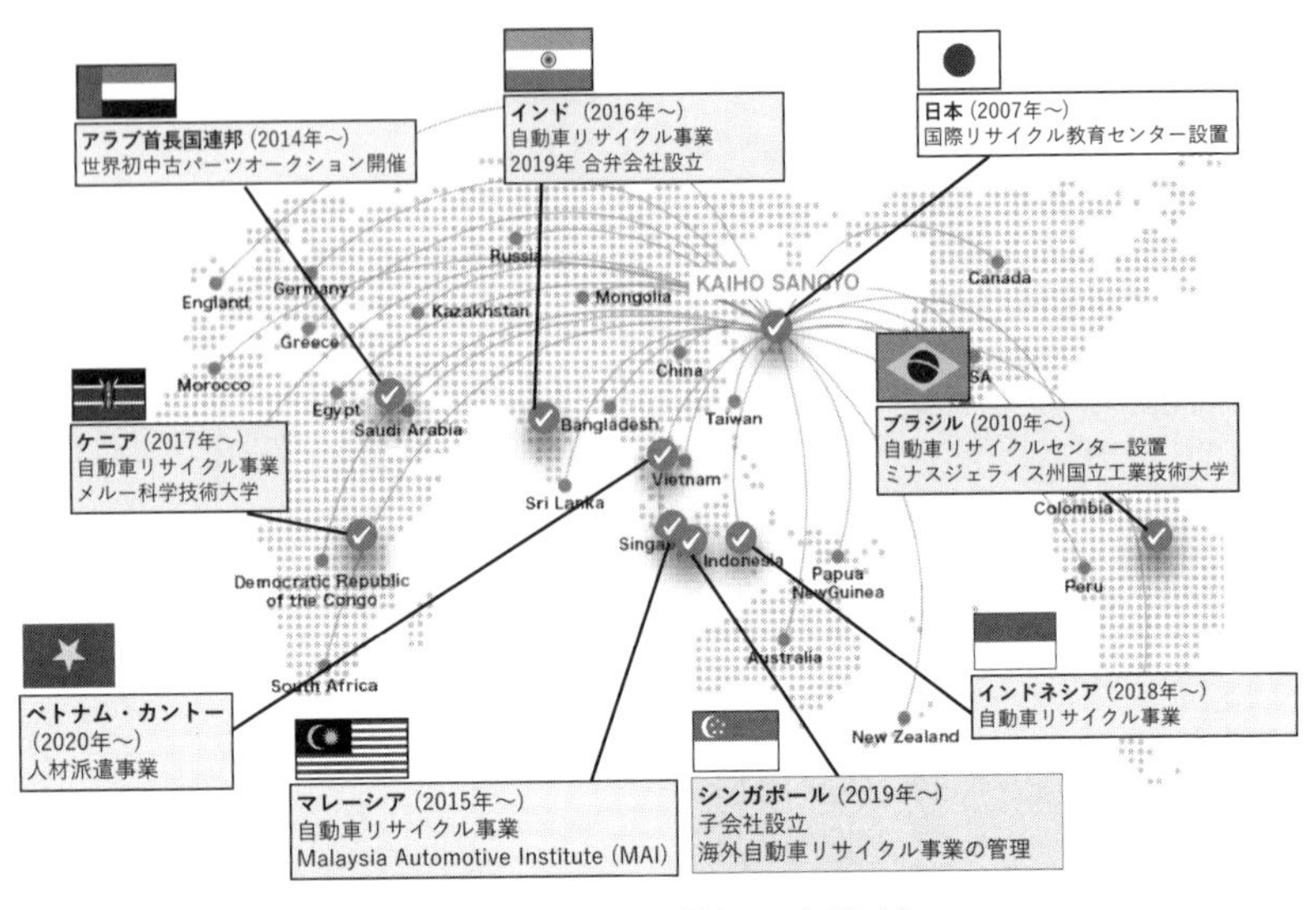

アラブ首長国連邦（2014年～）
世界初中古パーツオークション開催
インド（2016年～）
自動車リサイクル事業
2019年 合弁会社設立
日本（2007年～）
国際リサイクル教育センター設置
ケニア（2017年～）
自動車リサイクル事業
メルー科学技術大学
ブラジル（2010年～）
自動車リサイクルセンター設置
ミナスジェライス州国立工業技術大学
ベトナム・カントー
（2020年～）
人材派遣事業
マレーシア（2015年～）
自動車リサイクル事業
Malaysia Automotive Institute (MAI)
シンガポール（2019年～）
子会社設立
海外自動車リサイクル事業の管理
インドネシア（2018年～）
自動車リサイクル事業
KAIHO SANGYO
England
Germany
Russia
Kazakhstan
Mongolia
Canada
Greece
Morocco
Egypt
Saudi Arabia
Bangladesh
China
Taiwan
Sri Lanka
Vietnam
Colombia
Peru
Indonesia
Papua
NewGuinea
Democratic Republic
of the Congo
Australia
South Africa
New Zealand

海外ビジネスの展開（2021年現在）

■中小企業でＢＣｔＡに初加盟

会宝産業のプラットフォーム――ＫＲＡシステム、ＪＲＳ／ＰＡＳ777、ＩＲＥＣのしくみは、参加した事業者が自走するシステムとして、静脈産業における次世代の循環型解体ビジネスの世界的ネットワークに育ちつつあります。

一連の取組みは、二〇一五年度の経済産業省の調査（平成二七年度アジア産業基盤強化等事業〈収益指向型ＢＯＰビジネス推進事業〉最終報告書）の中で、「収益指向型ＢＯＰビジネス」の事例として取り上げられました。

ＢＯＰビジネス（貧困層が抱える課題の解決に貢献するビジネス）は、二〇一〇年ごろから二〇一五年にかけて積極的に展開されていたもので、現在その精神はＳＤＧｓに引き継がれ、国際的に取り組む包括的な「途上国の課題解決型ビジネス（ＳＤＧｓビジネス）」となっています。

会宝産業のビジネスモデルは、会宝産業を中心に、多様なステークホルダーが参画する事業が持続可能なしくみとして展開します。

自動車リサイクルの同業者とアライアンスを組む形で連携、自社取引の価値連鎖（バリューチェーン）の中に、途上国の関連事業者、政府関連機関などを組み入れます。貧困層を含む現地の事業者に対して、必要な技術者の育成を行い、持続的な自走を目指します。さらに周辺国への横展開も視野に入れ、環境課題の改善にも貢献します。

一連の革新的なエコシステムによるビジネスモデルとして、資源循環型社会へ貢献する事業のプラットフォームをつくり出したのです。

途上国でのビジネスを促進したことにより、会宝産業のビジネスパートナーは多様化しました。現地での自動車リサイクル事業の展開で、中古車販売会社、リサイクル業者、行政機関、起業家、ビジネスコンサルタント、大学など、さまざまな関係者がビジネスパートナーとなってグローバルなバリューチェーンに組み入れられていきました。

また、ＪＩＣＡ（国際協力機構）やＪＥＴＲＯ（日本貿易振興機構）、ＵＮＤＰ（国連開発計画）、ＵＮＩＤＯ（国際連合工業開発機関）などの機関と継続した連携もとられています。ＪＩＣＡの民間連携事業を実施したことにより、海外経験のある優秀な従業員の応募が増加し、さらなる海外展開につながるという副次効果も現れました。

二〇一八年には、会宝産業が企画構想した自動車のプラスチック部品の小型破砕洗浄機の開発が、企業（全国の同業他社）や、行政（金沢市）、研究機関（金沢工業大学）など、産官学の協力を得て動き出しています。

このような事業展開により会宝産業の収益は上昇しました。海外取引国は二〇〇九年の五八カ国から二〇二一年現在は九〇カ国に、売上構成に占める海外輸出の割合は六割から七割に増加しました。貧困層の経済引き上げという国際的課題の解決と企業の持続的成長を両立させるビジネスは相当に難しいとされ、まだ世界でも成功例が限られています。その中で、会宝産業のプラットフォームは、自社の利益も増やしつつ、途上国のバリューチェーンを構築し、持続的に発展させた数少ない事例として、今も成長しています。

会宝産業のしくみは、自動車リサイクルの海外展開事業における商業的成功と持続可能な開発を両立するビジネスモデルとして評価されました。ＵＮＤＰ（国連開発計画）が主導する「ビジネス行動要請（ＢＣｔＡ）」の取組みに応えるものとして、二〇一七年一二月、ＢＣｔＡへの加盟を承認されました。

日本企業としての加盟は一一社目、中小企業では初めてのことでした。

第3章

これからのビジネスは「環成経」

■「環成経」とは

私は初孫の誕生に背中を押されて、環境を第一に考えながらも利益を出し続けていく企業のあり方を模索し続けました。それから二〇年、信頼のネットワークと正直なシステム、安心の規格、惜しみない人材育成という形でビジネスを展開していくこととなり、結果的に海外へも広がり、ものづくりの後始末を引き受ける静脈産業として、世界で認められる取組みとなっていきました。

こうした歩みをひとことにすると「環成経（かんせいけい）」という言葉に収斂させていけるのではないかと思っています。

「環成経」とは、持続可能な「環境」を第一に考え、それでも皆が利益を得て「成長」し続ける「経済」です。語呂合わせのようですが、この「環成経」がこれからのビジネスの完成形になっていくのではないかと思うのです。

■なぜ「環成経」なのか

戦後の日本が勤勉な国民性と優れたものづくりの技術で飛躍的な発展を遂げてきたのは間違いのない事実です。その一方で、用済みとなった製品を再生し循環させる「後始末」はおろそかになっていきました。

大量生産、大量消費、大量廃棄を繰り返しつつ、それでも経済を回してしまえる。儲けられる。豊かになれる。だからやめられないのです。しかし一方で、資源の奪い合いが起こります。格差は拡大し、人権は軽視され、環境破壊といった問題につながっていったのです。究極の状態は戦争や紛争でしょうし、第二章で紹介した豊島事件もその一例といえます。

「自分さえ良ければいい」との効率的な利益追求に価値を見出してきた「登山の経営」の弊害がさまざまな問題となって噴出しています。このままでは、逃げ場のない地球というカプセルの中で、全員が共倒れになってしまいかねません。

自分本位で後始末を考えない典型ともいえるのが原子力発電所の存在でしょう。

二〇一一年三月一一日に発生した東日本大震災では、大津波によって制御不能になった福島第一原発が爆発事故を起こしました。原子力発電はそれまでにも、チェルノブイリ原発事故、スリーマイル島原発事故など、何度も大事故が起きています。そのたびに恐ろしい数の人命や生活を奪い、膨大な範囲の環境を壊してきました。

原子力発電は、それぞれの立場から原子力発電が有利だと判断した関係者たちによって利用されつづけています。核燃料はリサイクルできるから経済的だ、コストが安い電気だといわれ、事故が起きても「自分たちのところは気をつけているから別」「今必要なのだからしかたない。安全対策をすれば大丈夫」という構えです。

実際のところはどうでしょうか。原子力発電はとてもコストのかかる発電です。設置や運転、核燃料の取扱い、いったん事故になれば甚大で長期にわたる環境破壊——東日本大震災から十年経った今もなお、放射性物質を含む廃水を処理できないまま海へ排出せざるを得ず、風評被害も含めて数十年にわたり環境や社会へ負荷をかける現状——、そして、行方の見えない廃炉問題。もはや誰も幸せになりません。今の自分の視点、目先の利益だけで行動し、後始末をすべて未来におしつけてしまったツケが、大きな問題として目の前につきつけられていると真摯に受け止めるべきなのではないかと感じています。

環境問題だけではありません。「自分さえ良ければいい」との自分本位な経済システムは、世界全体にさまざまな影響を及ぼし、ひずみをつくっています。

例えば児童労働を含む人権問題です。二〇二〇年一〇月、政府が「ビジネスと人権に関する国別行動計画（NAP）」を発表しました。日本の中で海外の労働問題が意識されることはあまりないのですが、実は、日本は児童労働を含む搾取労働によってつくられた産品の輸入量が世界で二番目に多いのです。

児童労働は、アフリカや中央アジア、南北アメリカ、欧州中央アジア、アラブ諸国にみられ、最も多いアフリカでは子どもの五人に一人が労働させられています。労働内容は、カカオ豆、綿花、コーヒー豆、タバコ、サトウキビ、パーム、ゴムなどの農業、魚・エビなどの水産業のほか、工業やサービス業においても、衣料、革、レンガ、建設、金やコバルト、石炭などの採掘、自動車整備、輸送など、多岐にわたります。これらの多くに対し、日本の企業が調達したりサプライチェーン上で関わったりしています。

海を隔てた国のようすはよく伝わってこず関心がもてないからといって、自社の利益や自社周辺の利益にばかり目を向けているうちに、日本は世界で二番目に労働搾取する国になってしまっていたのです。児童労働を含む人権リスクに対する社会的要請はこれまでにない高まりをみせています。すでに欧米を中心に人権リスクに対する内部統制を企業に義務付ける法制化が加速しています。日本企業に対しても、早晩対応強化が求められるようになるでしょう。

民族間の紛争からくる問題についても同様です。中国・新疆ウイグル自治区での迫害や強制労働に関する問題では、区内に拠点を構える企業・団体を指定し、人権侵害に加担していると非難する動きが強まっています。サプライチェーンも含めて企業活動を監視し、改善されなければ排除しようというわけです。すでに海外に拠点のある日本企業に影響が出始めています。

「環成経」は、決して余力があるときにやればよい美談ではないのです。待ったなしに迫っているわれわれの地球の、すぐそこの未来に必要となっているものなのです。

■「環成経」は価値のトランスフォーメーション

地球の未来を第一に考え、まず相手を喜ばせることにより自社の利益を持続的に確保し、皆で一緒に経済成長しようという「環成経」の考えは、社会の価値そのものが百八十度転換しているといえるでしょう。「今・ここ・まず自分」のエゴシステムから、「未来・地球・まず相手」のエコシステムを第一にする価値の変容です。

では、「環成経」は具体的にどのようなビジネスの形をとっていくのでしょうか。そのヒントになるひとつが、共通価値の創造（CSV）によるビジネスではないかと考えます。

CSV（Creating Shared Value）は、二〇一一年にハーバード大学のマイケル・ポーター教授が「企業が事業を営む地域社会や経済環境を改善しながら、自らの競争力を高める方針とその実行」と定義しています。社会のニーズや社会課題に取り組むことで社会的価値を創造し、その結果として経済的価値が創造されるというのです。

CSVの事例をいくつかみていきましょう。

世界の取組みではネスレがよく知られています。ネスレは、一八六六年に創業した乳製品のメーカーです。当時のヨーロッパは乳幼児の死亡率が高く、なんとかしたいと粉ミルクの原型を作ったのが始まりでした。一九六二年にインド北部に乳製品工場を造ったとき、電気も水道もない場所だったのですが、ネスレは工場周辺の地域のインフラや輸送手段を整え、地域の酪農家が作るミルクを適正価格で買い取って農家の収入や生活水準を向上させました。その後もタイやブラジル、中国など、十数カ国で同様の事業を展開します。

同社は、長期的にビジネスとして成功するには、自分たちの事業だけでなく地域全体の価値を高めていかなければならないとし、「ネスレの共通価値の創造」を掲げました。その背景には、同社のみならず、世界の有名ブランド企業の激化する商品開発競争によりもたらされる環境破壊、低賃金労働による貧困拡大が大きな批判にさらされたことが挙げられます。このような世界的な潮流の中で、ネスレは自分たちの事業で力を発揮できる栄養、水、農村開発の分野で、生活の質を高め、さらに健康な未来づくりに貢献することをネスレの存在意義として明文化し、「個人と家族」「コミュニティ」「地球」の三つの領域に対して長期目標を立てて取組みを行っています。

例えば、カカオ豆やコーヒー豆の仕入先の農家に対し、農法のアドバイスを行ったり融資の保証をしたりして支援を行い、高品質の豆を適正価格で買い取ることにより、生産性と農家の所得・生活の向上を図っています。特にカカオ豆の分野では児童労働が問題になっており、ネスレは子どもたちを児童労働から解放するため、農家の経済的な改善を支援しつつ学校も整備して子どもたちを学校に通わせる取組みを行っています。

日本の中では酒類メーカーのキリンの取組みが挙げられます。

キリンは「社会課題に対し、商品やサービスを通じたアプローチを行うことが結果的に事業にプラスとなる」として、「健康」「地域社会・コミュニティ」「環境」の三つの社会課題に取り組んでいます。例えば、飲酒運転による交通事故が多発している社会問題に取り組んだ結果、開発されたのがノンアルコールビールです。世界初の取組みでした。

その他にも、特定保健用食品に指定されたコーラや無糖紅茶の開発や、グループ内の医薬品企業と乳酸菌製品を共同開発し、自社の強みを活かした製品で健康・未病領域の新しい価値を創造して収益を上げたり、ビールのホップ産地やワインのブドウ農家へ技術提供し、生産農家の生活向上や地域の活性化を図ったり、工場の節水や容器包装の開発、物流体制の整備により二酸化炭素排出の削減とコスト軽減を実現したりと、社会ニーズに応えつつ自社事業を発展させています。

トマトケチャップで有名なカゴメの取組みも参考になります。

カゴメは「健康寿命の延伸」「農業振興・地方創生」「食糧問題」を自社が関わるべき社会課題としています。具体的には契約農家から原料を調達する契約栽培を行っています。あらかじめ作物の品種や栽培面積、出荷規格などを決めておき、収穫された分は全量をカゴメが買い取るというものです。一定の栽培面積が確保され、買い取られる数量が決まるため、栽培農家は収入が安定します。そしてカゴメは安定的な生産量を確保できるだけでなく、生産履歴も明確になり、安全な原料を調達できます。農家とメーカーの価値が共有されているのです。この契約栽培の強みを活かし、東日本大震災で大きな被害を受けた東北の農家の復興支援として、国産トマトジュース原料栽培を拡大させるとともに、農地保全、耕作放棄地活用、六次産業化の営農支援を行っています。

CSVと同じく、「環成経」の考え方と親和性が高いといえるのが「エシカル消費」の考え方でしょう。エシカル消費は、倫理的・道徳的な視点で商品やサービスを選ぶ消費行動です。「環境」「社会」「人」「地域」「動物」に配慮した生産活動を行っている企業を積極的に利用することで、社会課題に関与するものです。

例えば、児童労働や労働搾取がなく公平・公正な取引が行われたフェアトレード商品を購入する。子どもの貧困問題への寄付がついた商品やサービスを利用する。国産・地元産の商品を買う。動物愛護の観点でフェイクファーやフェイクレザーの商品を購入する。環境負荷の少ないオーガニックやリサイクルの素材を選ぶ。このように消費者側が積極的に社会課題を意識した消費スタイルをとることで、企業側の姿勢を問うているわけです。

企業はこうした消費傾向を新たな事業展開のチャンスと捉え、積極的に社会課題に取り組むことにより、新たな購買層の獲得につながっていきます。

未来志向・地球志向・他者志向での「環成経」は、二一世紀の経営に重要なヒントを与えてくれるのです。

■「環成経」のビジネスを構築する

会宝産業の事業は、はじめからできあがった理念のもとに展開していったわけではありません。身ひとつで起こしたビジネスでしたから、ずっと儲けなければ、利益を出さなければと躍起になっていました。がむしゃらに動き回っているうちに、少しずつ気付かされて、今の形があります。

バイヤーとの商談に、相手を喜ばせることの大切さを。孫の寝顔に、未来への責任を。ブラジルやケニア、インドでの人々の姿に、地域の生活向上の重要性を……。さまざまな人たちから気付かされては、それをヒントに利益が出せるしくみをと、試行錯誤していくうちに理念につながるネットワークができ、体制、システム、基準、資格制度、海外パートナーとの連携などになっていったのです。

「環成経」は、人のつながりからできています。

人は誰でも、損得で判断します。だからこそ、まずは相手を儲けさせ、喜んでもらうことによって自分も儲かるしくみが、関わる人すべてを幸せにするのです。

これが、「儲ける」から「儲かる」ビジネス、未来・地球・まず相手と、大きな価値の転換を目指す「環成経」の原点です。

現代は、資本主義経済のピークを過ぎ「下山」の時代に入っています。この中で、ビジネスが持続可能な形で回っていくためには、「未来志向・地球志向・他者志向」による利益の循環――地球そのものを含めたあらゆるステークホルダーを幸せにする環境整備を第一に、経済を持続的に成長させる「環成経」の循環が必要です。

そして、この「環成経」を世界規模で目指すべきゴールとして示すのが「ＳＤＧｓ」といえるでしょう。

ＳＤＧｓ（Sustainable Development Goals;「エスディージーズ」）は、日本語に訳すと「持続可能な開発目標」といいます。途上国の貧困や紛争などの社会課題の解決だけでなく、気候変動や環境保全など先進国・途上国共通の社会課題の解決を含め、世界が持続可能となる経済開発のため、二〇一五年九月の国連サミットで二〇三〇年までに達成すべき目標が広範囲に定められたものです。国連に加盟する世界一九三カ国が合意しています。

ＳＤＧｓには、次に示す一七の目標と、その下に一六九のターゲットがあります。

SUSTAINABLE
DEVELOPMENT
GOALS
2030年に向けて
世界が合意した
「持続可能な開発目標」です

1　貧困をなくそう
2　飢餓をゼロに
3　すべての人に健康と福祉を
4　質の高い教育をみんなに
5　ジェンダー平等を実現しよう
6　安全な水とトイレを世界中に
7　エネルギーをみんなに　そしてクリーンに
8　働きがいも経済成長も
9　産業と技術革新の基礎をつくろう
10　人や国の不平等をなくそう
11　住み続けられるまちづくりを
12　つくる責任　つかう責任
13　気候変動に具体的な対策を
14　海の豊かさを守ろう
15　緑の豊かさも守ろう
16　平和と公正をすべての人に
17　パートナーシップで目標を達成しよう

ＳＤＧｓは、「誰一人取り残さない（No one will be left behind）」を理念とする包括的目標です。このため、一七のゴールは、地球上で人間が社会生活を送るために必要となる環境すべてに及びます。話題になりやすい地球環境や貧困だけでなく、労働や教育、まちづくりなど、暮らしのあらゆるテーマが広範囲に設定されています。

別の言い方をすれば、ＳＤＧｓの示す社会課題は、あらゆるビジネスに何らかの接点があるといえるでしょう。

ところが、ＳＤＧｓには理念としては賛同しても、抽象的すぎて具体的な取組みがよくわからない、利益が出ずビジネスにならないといわれることがあります。特に、事業規模が小さな中小企業には展開が難しいと敬遠されがちです。また、ＳＤＧｓで取り上げられる諸課題は、量的に改善すべきものだけでなく、しくみから質的に変えていかなければならないものも多くなっています。第二章で紹介した一連のビジネスの展開は、まさにこの線上にあるといえるでしょう。

人権を尊重しつつ、利益が持続するビジネスの展開により貧困の削減を図る。この理念に基づきＳＤＧｓビジネスは進化を続けています。国を越えた多様なステークホルダーと協力しあい、持続可能なエコシステムの創造により持続的な開発へと展開しているのです。

会宝産業は、環境方針に「地球規模における資源循環型社会の一翼を担う」を掲げています。世界では人口が増加し続けています。自動車もまた、人間の移動や生産流通に不可欠なものとして生産され続けています。世界で一四億台にも上るといわれる自動車の保有台数はこれからも増え続けることでしょう。つくりっぱなし、売りっぱなしではなく、誰かが「後始末」をしなければならないのです。

会宝産業がこれまでに構築してきたしくみには次のようなものがあります。

・理念を明確にし、賛同する企業とつながる広域ネットワーク（ＲＵＭアライアンス）
・ＩＴを活用し、正直なデータが公開される情報システム（ＫＲＡシステム）
・データの信頼度が客観的に支持される商品の国際標準規格（ＪＲＳ／ＰＡＳＳ７７７）
・知識と技術と態度の水準が客観的に支持される技術員の資格制度（ＩＲＥＣ）
・途上国の経済格差軽減など社会貢献を通じた国際機関との連携（ＢＣｔＡ加盟）

二〇一七年、会宝産業の考える静脈産業のしくみがまたひとつ国際的に認められました。一連のビジネス展開がパッケージ化された自動車リサイクルシステム(Auto Recycling: Eco-Friendly ELV Recycling System)として、二〇一七年、UNIDO(United Nations Industrial Development Organization; 国際連合工業開発機関)の東京投資・技術移転促進事務所が管理する環境技術データベースに新規登録されました。「環境にやさしく、収益性の高い自動車リサイクルシステム」として認定されたのです。

管理システム、国際標準規格、生産設備、人材養成という一連のしくみの展開により、会宝産業の操業能力は、月間で約一〇〇〇台、年間で約一万二〇〇〇台の車輌を九〇カ国に輸出するまでになりました。二〇〇三年に七億一五〇〇万円だった売上高は、一一年後の二〇一四年(UNIDO評価時点)には四倍以上の三〇億円にまで成長しています。

多くの途上国では、大量の使用済み自動車が路上に放置され、環境に大きな影響を与えています。自動車リサイクル業を持続可能な収益事業とするシステムの展開により、地球規模での環境保全に資する活動になっています。UNIDOはこうした会宝産業の一連のビジネス展開を、SDGSの目標9「産業と技術革新の基礎をつくろう」に貢献すると評価しています。

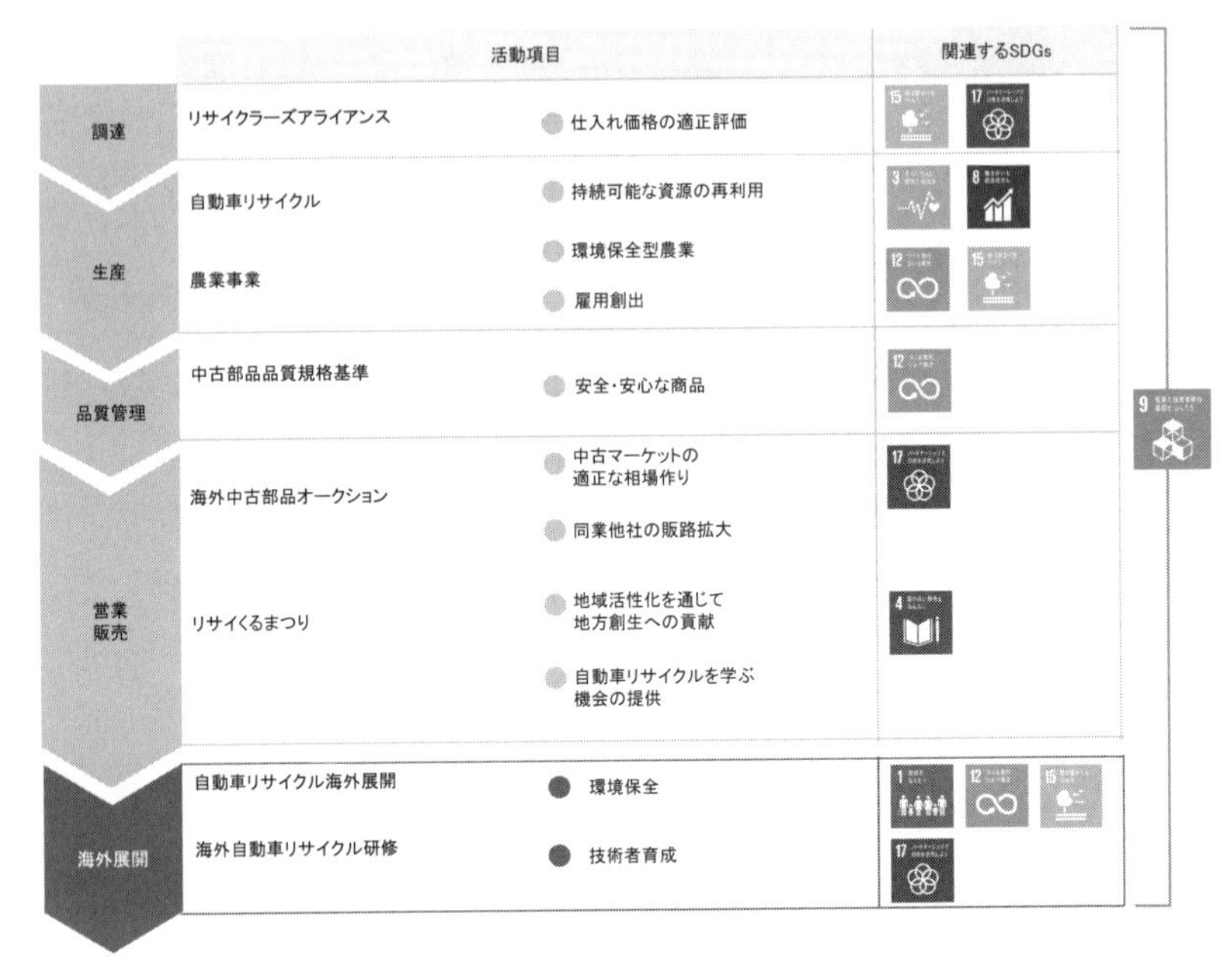

活動項目
関連するSDGs
調達
リサイクラーズアライアンス
仕入れ価格の適正評価
生産
自動車リサイクル
持続可能な資源の再利用
農業事業
環境保全型農業
雇用創出
品質管理
中古部品品質規格基準
安全・安心な商品
営業
販売
海外中古部品オークション
中古マーケットの
適正な相場作り
同業他社の販路拡大
リサイくるまつり
地域活性化を通じて
地方創生への貢献
自動車リサイクルを学ぶ
機会の提供
海外展開
自動車リサイクル海外展開
環境保全
海外自動車リサイクル研修
技術者育成

会宝産業の現在の事業とSDGsの各ゴール

会宝産業が行う自動車リサイクル事業の調達・生産・品質管理・営業販売・海外展開は、以下のゴールと流れを同じくしている。

1　貧困をなくそう
3　すべての人に健康と福祉を
4　質の高い教育をみんなに
8　働きがいも経済成長も
9　産業と技術革新の基礎をつくろう
12　つくる責任　つかう責任
15　緑の豊かさも守ろう
17　パートナーシップで目標を達成しよう

会宝産業はＳＤＧｓの目標にあわせて資源循環社会を目指した取組みを始めたのではありません。世の中がＳＤＧｓを話題にするずっと前から、目の前に迫った問題一つひとつと向きあい、そのときにできることを地道に考え、取り組んできただけでした。

当時、ただ夢中で進めていたハードとソフトの整備は、今思えば大きな「環成経」の心でつながっていました。まだまだ未完成ですが、ジグソーパズルのピースが揃っていくように、少しずつ実を結び始めています。

こうした歩みが結果としてＳＤＧｓと同じ方向にあり、ありがたいことに国際機関からも認められるようになったというべきでしょう。

■「環成経」の取組み（1）中古車部品オークションシステムの広がり

持続可能な社会のしくみを構築するにあたり痛感しているのは、ボランティアでは事業としては続かないということです。NPO活動は理念を同じくし、かつ他の部門で十分な収益を上げている事業をもっていないと早晩頓挫してしまいます。プロフィットもベネフィットもないボランティア活動は、やりたい気持ちが空回りするだけです。ビジネスの世界はゼロサムで考えられています。一方に利益が出れば他方に損失が出ます。当然のことながら、駆け引きが生まれ、自分の領域に得があると判断しない限り手は出しません。持続的に事業を進めるには、参加者が有利と感じ、自ら進んで行動したくなるインセンティブが不可欠なのです。

「利他」の精神は、まず相手を儲けさせるしくみにすることでインセンティブの効果を高め、喜んで行動に向かわせるビジネスのしくみの基本ともいえます。

会宝産業では、中古部品のネットオークション「KME（Kaiho Middle East）オークション」を展開しています。情報公開を究極まで進めた「儲かる」しくみです。

中古部品を正直でオープンなマーケットにするネットオークションの開催は、二〇一四年、アラブ首長国連邦（UAE）のシャルジャという場所でスタートしました。それまで、自動車中古部品の競りはあってもネット入札形式でのオークションはなく、世界にも例のない初の試みでした。

シャルジャは、中古自動車の解体や中古部品の販売が盛んな地として有名です。家族経営を含めると実に四千もの事業者がいるといわれています。その中で、日本車は品質がよくて人気があります。日本からの国別中古輸出量ではシャルジャは常に上位に入るお得意様です。一方、それゆえに模倣品も多く出回ってしまいます。かつてのシャルジャの中古部品は、品質も値段も信頼できるものはなく、めちゃくちゃな状態で流通しており、社会問題にすらなっていたのです。

私は、シャルジャでは、真の日本製部品を品質に見合った適正価格で流通させることが重要だと判断し、地元の利益になる方法を考えました。その答えがオークションでした。品質も価格も参加者に決めてもらおうというわけです。

よりオープンに。より正直に。その姿勢は必ずエンドユーザーに届くはずです。完全な自律のシステムをインターネット上に築こう。私はさっそく現地に会社を立ち上げ、オークション会場を作って、しくみを整えることにしました。

日本国内ではアライアンス事業者と協業し、出品する自動車中古部品を揃えます。同業者はライバルではありません。長期的な自動車中古部品の流通市場を開拓する同志なのです。「競争から協調へ」の精神がここでも働きました。

そして、出品する部品にはJRS/PAS777のタグをつけました。国際的に信頼できる品質保証の目印によって「見える化」された商品が出回り、適正な流通市場が構築されていきました。

UAEは良いものと判断すれば惜しみなくお金を出します。ポジティブな循環で、中古部品の市場が機能し始めたのでした。

実は、このオークション運営は順風満帆だったわけではありません。立ち上げ時の二年ほどは六〇〇〇万円の損害を出すほどの大赤字になりました。当時の役員からはかなり厳しい指摘もいただきました。ですが、私は「もう少し待ってほしい、必ずこのしくみは上手く回る」と説得に回り、一方で現地の現状をしっかり分析して体制を刷新し、立て直しを図りました。

UAEでのオークションのようす

その結果、次の二年で黒字に戻し、その後は年に三〇〇〇万円の利益を生むようになっていきました。

ＫＭＥオークションには、ＫＲＡのアライアンスメンバーであれば誰でも出品することができます。国内の出品者は、言語の異なる外国との駆け引きからも、車輛の手続きや外国への輸送という煩わしさからも解放され、質の高い出品物の量を増やすことに注力できます。

会宝産業は、取引が成立したときに手数料として、落札車輛代金の八パーセントを受けとります。これは、オークションのしくみをつくった当時の消費税相当額です。消費税は現在一〇パーセントまで引き上げられていますが、KRAシステムのオークション手数料は据え置きました。手数料が少なすぎるのではないかという声も社内で聞かれましたが、私はぎりぎりまで低くすることを主張しました。

儲けが少ないと感じたらシステムから離脱し、自分だけで囲い込みたくなってしまうものです。まず相手に儲けをもたらすしくみは、徹底して明確に示すことが何より肝心なのです。

現在、会宝産業にはもうひとつオークションのしくみができています。トラックを中心に扱う「会宝トラックネット（KTN）オークション」です。

KTNオークションは、インターネット上で開催しているオークションで、トラックを自社の置き場から動かさずに、オークションへ出品できるしくみです。「手間いらず」「リスクゼロ」「完全成功報酬型」のシステムです。

オークション出品者は、車検証のコピーと出品申込書を会宝産業へ送付し、車輌情報と写真をオークションサイトへ登録するだけの手軽さです。出品代行サービスを利用すれば、

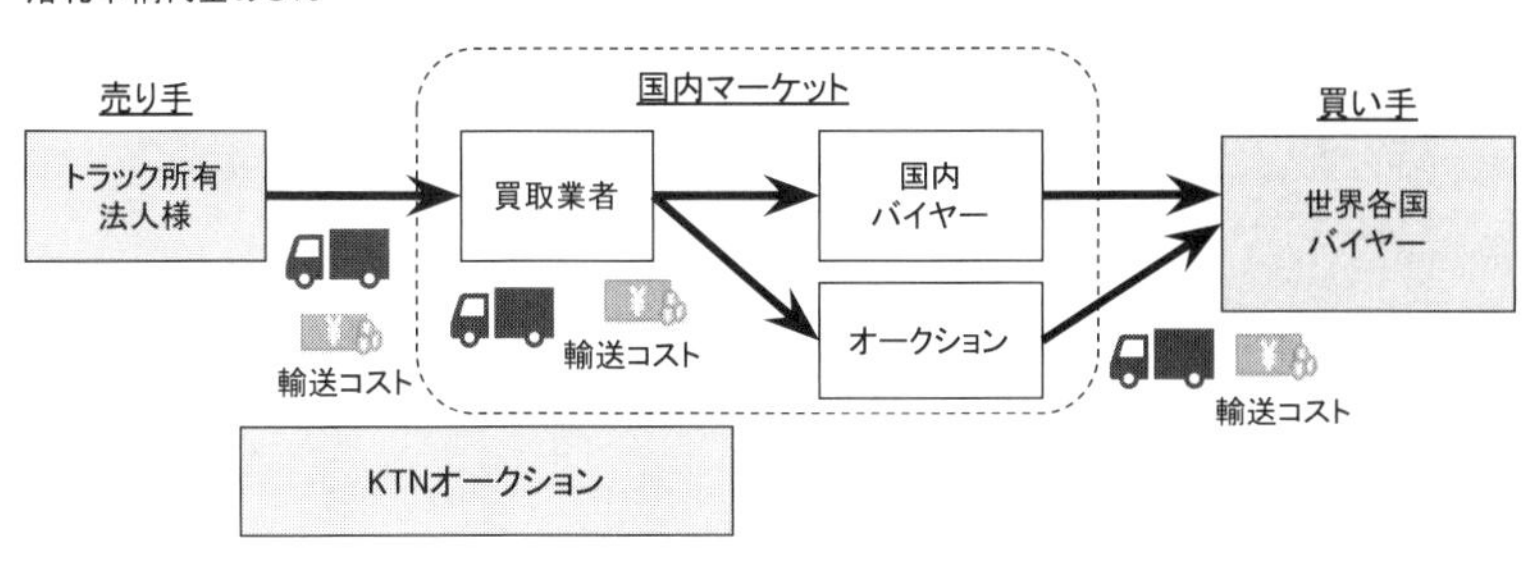

KTNオークションの流れ

さらに簡単に出品できます。

出品した車輌が落札された場合、オークション終了後に発行される精算書を確認して、成約車輌の書類を提出するだけです。あとは落札者もしくは陸送会社が車輌を引き取り、売買代金が支払われます。

書類上の手続きも、すべて会宝産業が代行します。車輌の名義は会宝産業に変更されるので安心です。

手数料はＫＭＥと同じで、成約時に落札車輌代金の八パーセントがかかるだけです。

このように、オークションのシステムは、出品側にとても有利な正直ベースの取引きになっています。

では、会宝産業には儲けがないのかというと、そんなことはありません。

実は、手数料の話などは、役員から「これじゃあ儲けが出ない」とずいぶん文句を言われたことがあります。ですが私は先に相手を喜ばすべきだと考えました。

日本で年間に生じる使用済み自動車は、三〇〇万台から三四〇万台、そのうちＫＲＡ加盟企業全体で扱えるキャパシティは五〇万台程度です。一方、オークションを通じて取引すれば、上限は解放されます。一台あたり数万円の手数料でも、一〇〇万台、二〇〇万台と数が増えれば数十億円、数百億円の利益を生むようになるのです。

実際のところ、運営側には直接の利益だけでない大きなメリットがあります。

インターネット上で一元管理されるオークションのシステム内には、中古自動車に関するあらゆる情報が蓄積されていきます。商品の流通状況、品質の相場、価格の相場などのデータが宝の山になって、未来のアイデアを育んでいるのです。現在、ＫＲＡシステムに登録するアライアンスメンバーは七二社です。このデータを糧に、さらなる利他の事業を生み出してアライアンスメンバーに還元し、環境や社会構造など多様なステークホルダーの利益に変えていくことができるのです。

ネットオークションは、誰もが自律的に参画でき、双方に利益のある「他者志向のビジネス」を具現化した、究極の「ノンゼロサムビジネス」のプラットフォームとして機能する可能性を秘めていると考えています。

もちろん、何でもオークションシステムにすればうまくいくという話ではありません。「環成経」の考え方で共に成長し、持続的に利益を出して発展させていくには、オープンで正直なしくみがなぜ必要なのかを理解し、そのしくみを使っていくことへの情熱が不可欠です。「儲ける」から「儲かる」へシフトさせるのだという、確固たる理念が必要です。

その理念を形にしてくれるのが、まず相手を——人を信じ、活かす経営の姿勢なのです。

■「環成経」の取組み（2）温室効果ガスの排出量削減の指標化

会宝産業では、二〇一九年より東京大学と共同で自動車リサイクルビジネスの社会・環境への貢献について多面的に評価し、その指標化にも取り組んでいます。

私たち自動車リサイクル事業者は、一台の車から鉄や銅・アルミといった金属を選別することでそれらをリサイクルし、限りある地球資源の有効活用と、温室効果ガス（GHG）の削減へ貢献しています。単純に言えば、使用済み自動車から素材をしっかりと分別してリサイクル材を製造することで、新しく地球の資源（鉄で言えば鉄鉱石）を掘り出して新品を製造する過程で発生するプロセスをなくすことができます。つまり、「リサイクルプロセスで発生するGHG排出量」よりも「新品製造で発生するGHG排出量」が小さければ、私たちが事業活動すればするほど環境への負荷を低減することができるのです。

東京大学との共同研究では、会宝産業が年間で処理している使用済み自動車の台数や選別した各素材の重量のデータをKRAシステムから抽出し、GHGの排出削減量を用いて指標化することにより、自動車リサイクル事業を通した環境への貢献を具体的な数値として科学的に示そうとしています。

また、会宝産業では、使用済み自動車からリユース可能な部品を輸出しています。これは、リサイクルと同様に、リユースをすることによって、新品製造により発生するＧＨＧ排出量を代替することにつながります。

会宝産業の事業では、中古部品の多くをロシアや中東へ輸出しています。多くの中古部品が海外でリユースされることは、現地の方たちの生活の利便性を高められるだけではなく、部品が壊れてしまって乗れなくなった車の命を長らえさせ、新車の製造に替わる環境負荷の削減につながっているのです。

ただし、単にリユースすれば良いわけでも、海外へ輸出すれば解決するわけでもありません。海外でリユースされた部品も、いつかは使用済みになってしまいます。このため、会宝産業は、海外へ自動車リサイクルの技術と経営管理のノウハウを伝え、世界規模での「後始末」へ貢献する事業にも取り組みます。二〇二一年からは、こうした指標化の取組みをさらに深めて、脱炭素社会へ向けたロードマップの策定も進めています。

世界は、ＳＢＴ（Science Based Targets; 科学と整合した目標設定）やＴＣＦＤ（Task Force on Climate-related Financial Disclosures; 気候関連財務情報開示タスクフォース）といったグローバルな脱炭素化への流れの中、ＧＨＧの排出削減目標にコミットすることが求められています。

ＳＢＴの目標にあるＳＣＯＰＥ３（サプライチェーン排出量）を含めて、会宝産業も中長期的な視野に立ち、排出量削減目標の設定をしていきたいと考えています。

■「環成経」の取組み（3）多様な再資源化への挑戦

会宝産業では、使用済み自動車の再資源化をさらに徹底し、環境課題の解決へ積極的に活かせる技術の開発に取り組んでいます。

二〇一八年には、金沢工業大学と共同で、次世代型の廃プラスチックシュレッダー装置の開発をスタートさせました。

日本国内だけで年間に三〇〇万台から三四〇万台にものぼるといわれる使用済み自動車は、そのほとんどが、国内に約二五〇〇ある解体業者によって解体されています。

そのまま使える中古部品や新たな資源として再生できる部品を取り出した後は、鉄くずやプラスチックくずとなります。

エンジン、トランスミッション、触媒、タイヤ、バッテリー、オイル、燃料、フロン、エアバッグなどはていねいに取り外しますが、その他はかさばって保管にも運搬にも困るというのが現状です。フロントバンパー、リアバンパーといった外装部品、ダッシュボード、ドアトリムなどの内装部品の大半はシュレッダー業者やプレスせん断処理業者の大型シュレッダーにかけられます。その中からさらに鉄その他の金属を取り分け、残ったものがＡＳＲ（Automobile Shredder Residue）と呼ばれる、プラスチックや金属、ゴムなどが混在した廃車ガラとなります。ＡＳＲの一部はさらにリサイクルへ回ることにより、現在では車輌全体の九割以上を再資源化する流れができていますが、最後に残ったものは焼却や埋立という最終処分に回さざるをえなくなります。ＡＳＲにする前に選別されていれば、間違いなくマテリアルリサイクルとして再利用しやすい素材となります。

こうした背景を踏まえて開発を進めているのが、破砕・粉砕・洗浄一体化小型破砕洗浄機です。バンパーなどの大型プラスチック部品を解体工程で取り分け、破砕し、減容することができます。フォークリフトによる運搬も可能で、小規模な自動車リサイクル事業者でも導入しやすいため、これまで以上に再資源化が期待できます。

さらにこの洗浄機をシステムに組み込めば、ネットワークを介してクラウドでデータを管理することにより、どの車輌のプラスチック素材をどれだけ回収したかがわかり、より確実な再生プラスチックの生産管理を行えるようになります。解体業者が共同納入すれば輸送コストも削減できるうえ、共同による価格契約の締結も可能となるでしょう。

採算性の向上とリサイクル資源化の向上とが同時に期待できる一石二鳥の装置なのです。

その他、使用済み自動車を農業や漁業など一次産業を支える資源へと再生させる取組みも進めています。

私はこれを、地球の生態系と寄り添う産業の循環として、特に力を入れたい取組みと考えています。

日本の食料自給率は、二〇一八年度の時点で、生産額ベースでは六六パーセントですが、カロリー供給量ベースだと三七パーセントにすぎません。農林水産業では、二〇三〇年度までには生産額ベースで七五パーセント、カロリー供給量ベースで四五パーセントまで引き上げられるよう目標をおいて取り組んではいますが、それでも多い数値とはいえないでしょう。

このまま気候変動が激しくなり、大規模な災害が続くようになると、世界的に生産力が落ちてしまうことも考えられます。輸入が滞れば日本はまちがいなく飢え、壮絶な生き残りの戦いが起きかねません。

農業については、会宝産業は早くから取り組んできました。二〇一〇年から、使用済み自動車から取り出されるエンジンオイルやブレーキオイルなどの廃油をボイラーの熱源として温室栽培を行い、ミニトマトを生産しています。

フルーツのように糖度が高く、食べごたえ満点のミニトマトは、「しあわせのトマト」と名付けられて販売されています。

その他にも、羽咋(はくい)市で自然栽培米をつくるなど、ものづくりの循環産業を一次産業にまで広げ、日本が自国の中で産業を循環させ、持続可能な生活をする手がかりにできないかと模索しています。

農業への参入は、環境保全や産業循環に関する意義だけでなく、従業員の雇用機会を増やし、多様な人びとが関わるしくみをつくっていくうえでも意味があると考えています。収益化については課題も多いですが、今後も改善を重ね、取組みを進めていきます。

一次産業の環境への技術的な取組みとしては、まだ構想段階ではあるものの、使用済み自動車のタイヤやボディを炭化させ、多孔質の物質にすることで自然に返すことも可能性として検討されています。廃タイヤは炭化させると土壌改良材など、緑地化を推進するものとして生まれ変わることができるかもしれません。さらには、廃車ボディを炭化させ、海に沈めて漁礁とするプロジェクトも研究を進めています。

地表の約七割は水で覆われています。そのほとんどが海で、世界の二酸化炭素の吸収は、実は森林のある陸域より海域のほうが多いのです。とりわけ重要な場所は、陸地と接する汽水域（淡水と海水が混じったエリア）や、沿岸の浅海域に広がる海草・海藻で形成される藻場です。藻場は、さまざまな生物の産卵や生育のための場所になっているだけでなく、海藻や植物プランクトンが行う光合成によって二酸化炭素を吸収し、水の浄化、海中への酸素の供給という重要な役割も果たす場所となっています。

ところが、近年はこの藻場が大規模に消失する「磯焼け」と呼ばれる現象が全国各地で発生し、「海の砂漠化」が進行しているのです。この要因のひとつとして注目されているのが「生態系の鉄不足」です。

鉄は、窒素やリンなどのミネラルと同じように生きるための必須元素です。ところが、鉄はたいへん酸化しやすい物質です。いったん酸化してしまうと植物が取り込んで利用することはできなくなってしまいます。

酸化してしまった鉄をふたたび植物が利用可能な鉄イオンとするのが「フルボ酸鉄」という物質です。自然界では、森林の木々や落ち葉が腐食する際に土壌や水中の鉄と反応してつくられます。腐葉土からつくられたフルボ酸鉄は川から海へと運ばれ、海藻や植物プランクトンに届けて重要な栄養源となるのです。また、フルボ酸鉄は、ヘドロ化した干潟などの閉鎖水域の浄化にも役立っています。

しかし、現在では、森林のフルボ酸鉄は海まで流れ出にくくなり、生態系が変容してしまいました。海は鉄欠乏の状態となって藻場が衰退してしまい、自然の浄化システムが機能しなくなっています。この現象に歯止めをかけるプロジェクトとして注目されているのが、鉄を沿岸海域に漁礁として設置し、フルボ酸鉄を供給する技術なのです。

会宝産業では、金沢大学との共同研究で、ＫＲＡシステムで管理する使用済み自動車のリサイクル車体（ボディガラ）を炭素化する熱分解装置を開発し、沿岸域に漁礁として沈めてモニタリングする実証事業に挑戦しています。

漁礁によって海藻が増加すると、二酸化炭素の吸収・削減量が増えるはずです。また、漁礁を餌場とする水中生物の生態系が保全され、海洋資源が豊かになり、遠洋漁業から近海漁業にシフトすることができれば、副次的に二酸化炭素の排出量も削減できる可能性があります。

第4章

宝に出逢える組織づくり

■情報を透明にする

会宝産業は、企業理念に大きく謳っているように、従業員と家族を宝と考え、大切に磨き上げています。少子高齢化や社会の変化により、離職率の高さに苦しんでいる中小企業が多くなっています。「どうやってつなぎとめるといいのか」という質問もよく受けます。そのたびに私は、報酬は貢献に応じて適切にすると共に、やりたいことをやれる環境をつくるよう、提案しています。

人は、自分にとっての損得で行動を判断します。ここでいう「得」と感じるメリットはお金だけではありません。とはいうものの、経済社会で生きている以上、通貨はわかりやすい価値の評価基準となるため、お金が大事であることは事実です。給料やボーナスの金額は、がんばっていることを見てもらえていると感じ、次のがんばりのインセンティブになっていきます。

二〇二〇年、新型コロナウイルス感染症の拡大で経済が一時的にストップしたとき、会宝産業の単月収支は赤字となりました。例年三～五月は日本の多くの人たちが車を買い換えるため、大量の商品が出回る時季で、会宝産業の繁忙期にあたります。つまり一番の稼ぎどきなのですが、パンデミックの影響により海外の国々がロックダウンや外出禁止となってビジネスが止まってしまったのです。

会宝産業の売上の七～八割を占めている輸出も激減。当然ながら、売上も半減してしまいました。そこで、ただちに四月から私と社長の役員報酬を五〇パーセント削減しました。さらに五月からは他の役員の報酬についても割合を決めて削減し、なんとか従業員のボーナスを一か月分だけ確保しました。そして、全従業員へ、会社の状況と今後の見通しを伝え、お願いしました。

「必ず輸出の需要は持ち直すから、一緒にがんばろう」

実際、中古部品の流通が止まったのは数か月のことでした。どの国も、コンテナで確保していた在庫がなくなれば注文を再開したのです。

従業員も踏ん張ってくれました。そのおかげで、五月と九月に目標の上方修正を二回立てることができ、その目標を従業員みんなの力でクリアしてくれたのです。

その結果、夏の一か月分に加えて、冬は四か月分、計五か月分のボーナスを支給することができ、年末には約束を果たせました。

情報を透明にして信頼と安心を強めた絆が必要なのはお客さまや取引先だけではありません。従業員もまた、大切なステークホルダーです。苦しいときも、そうでないときも、すべてを正直に伝え、理解と納得で仕事に携わってもらう必要があります。会社に対する信頼、会社に所属する安心、仕事に従事することで社会に貢献できる喜びなどを感じ、力をフルに発揮できる場があると納得してはじめて、人は会社の方針に基づいてがんばろうという気になるものです。

■従業員の「宝」と出逢うために

ところで、ときどき勘違いした人がいるのですが、報酬は高ければよいというものではありません。給料もボーナスも受け取ることがあたりまえのように感じて仕事をしない従業員が多いと嘆く事業主からの相談も受けますが、報酬とセットにすべき評価を見落としている経営者も多く見かけます。正当な評価に見合わない報酬は、多すぎても不幸なのです。

評価システムは、会社の目的に応じてぶれずに組み立てることです。そして、常に従業員をよく見ているという姿勢が、従業員に見える形になっていることが重要です。

会宝産業では、ボーナス査定に「会長枠」「社長枠」というプラスアルファの余地を設けています。この枠を使って、通常の規程では測りきれないがんばりを見せていた従業員へ上乗せができ、気持ちを伝えることができます。そして、ボーナスを渡すときには、必ず一対一で、なぜその額になったのかを説明し、理解してもらう機会を設けています。

例えば、ニブラという自動車解体専用の重機があります。一台で二二三〇万円もする高価なものです。ある従業員は、買い替えるときの下取り価格を少しでも高く維持できるようにと、普段から操縦席の床面に靴の跡が残らないよう気をつけてくれています。買い替え時に下取りが想定より高くなったときは、彼の行動がどのくらいの値段になったかを伝え、その貢献をどのようにボーナスへ反映させたかを説明し、感謝を伝えるといった具合で、情報を開示しています。

プラスアルファがあるときだけではありません。逆に、事故を起こして重機を破損させた場合、修理などの査定額を従業員に示した上で、影響に応じた負担額をボーナスに反映しています。意図的ではないにせよ、会社に影響があったのだから、理由を明示して納得してもらうというわけです。

組織づくりに必要なのは、オープンで正直な関係性によって信頼のネットワークを強くしていくことです。

がんばりをほめて感謝するときも、失敗への影響を反映させるときも、すべてを正直に開示し、今後どのような強みを伸ばし、また課題を改善していくのかを一緒に考えていくのです。力が伸びない従業員に対しては、どのような状況があって伸びないのかを問います。やり方がわからないのか。間違っているのか。わかっているが努力が足りないのか。

細かく状況を聴いていくと解決策が見えてきて、なんとかできそうだとやる気も出てきます。

実力に対する正当な評価を受けているのは、きちんと見てもらっている証拠です。そうとわかれば、評価に応えていこうとし、次の行動のモチベーションとなっていくのです。

どうしても辞めたい人は止めたりはしません。会宝産業で力を発揮すればもっと高みを目指せるのにと思う人材でも、本人にやりたいことが別にあって出ていきたいというなら、出ていって活躍できるよう応援します。やりたい気持ちを引き止めてもいいことはなにもないのです。じっくり話して納得したら快く送り出します。

「あなたの人生だ、あなたが決めたことをやりなさい。応援するから」

従業員が不足したときは少なくなった中で業務を回す必要がでます。このときはすぐに補充して現状の維持を図るより、ピンチをチャンスに変えることを現場に提案しています。

「苦しいときは新しいやり方を考えてみよう。改革ができるチャンスだ」

現場のみんなに状況をオープンにし、理解してもらいます。ほんとうに必要な仕事が過不足なく回っているだろうか。仕事を気持ちよく回すための役割と人数は適切だろうか。業務の棚卸しと効率化を考える機会として捉え、改善策をいろいろな視点から、みんなで考えます。

社内プロジェクトの立ち上げも同様です。やりたいと言ってきた人にはチャンスを与えます。明らかに実力不足だと思うときは具体的な理由を挙げ、どのステップまできたら実現できるかを示すことで、納得とやる気を引き出すようにしています。

従業員は原石です。中に隠し持つ「宝」と出逢うために、従業員を信じ、目をかけ、磨き続けます。数千人規模の大企業だと難しいでしょうが、中小企業なら大きなチャンスなのだと思って実践することをおすすめします。

■従業員が自律的に動き出す

従業員が自律的に動き、会社を盛り上げる成果は、健康経営という形で実を結びました。

二〇二〇年、二〇二一年と二年連続で、経済産業省と日本健康会議が行う「健康経営優良法人（中小規模法人部門）」に認定されたのです。健康経営優良法人認定制度とは、地域の健康課題に即した取組みや日本健康会議が勧める健康増進の取組みをもとに、特に優良な健康経営を実践している法人を顕彰する制度をいいます。

具体的には、健康宣言を社内外に公表し、具体的な目標を設定します。健康診断の受診率やストレスチェックの実施、ワークライフバランスの推進、健康増進やメンタルヘルス、受動喫煙対策など六項目以上の取組みを行い、評価・改善のマネジメントを行います。

認定を受けるきっかけとなったのは、従業員からの提案でした。

「全面的に会社が応援するからぜひやってくれ」

私はおおいに元気づけ、応援しました。二〇一八年から社内の有志で立ち上げられていた「ＫＡＩＨＯ２０３０プロジェクト」の中に「健康経営チーム」を設置し、取組体制としくみづくりをバックアップしました。

健康経営優良法人として認定されたことは、従業員たちにとって誇りとなっただろうと思います。率先した活動は翌年も続き、二年連続で認定されました。一度認定が取れても運用を続けるのはなかなか難しいものですが、自らの発案で自律的に工夫して取り組むものは持続するのです。

■環境を整え、従業員の背中を押す

会宝産業は、工場や会社内を見学に来たみなさんが一様に「解体業の工場とは思えない」と驚かれるほど、整理整頓や掃除が行き届いています。また、従業員の挨拶も朗らかで、活力に満ちています。これら従業員のふるまいも、トップからの強制だったらとうに破綻していたことでしょう。

時折、「そのような自ら意識をもつ集団をどうやってつくればいいのか」と質問されることがあります。私は、その考えそのものを変えたほうがよいのではないかと思っています。自律した行動をとるよう指示し、強制するのはそもそもが矛盾しているからです。会宝産業の数々の受賞経験も、こちらから仕掛けて従業員にさせたものはありません。従業員の方から、会社に良さそうだと探し出してきて、提案してくれるのです。

では、私は何をしているのでしょうか。私の役割は、聴くことです。悩ましくしている社員からは、特によく話を聴きます。

「何のために働いているのだと思う?」
「何を期待してこの会社に来た?」

何をしたいのかわからず迷っている人に対しても同様です。具体的な指示は出しません。自分のときの状況や事例など、できるだけヒントになりそうな情報を提供することはありますが、やはり基本は聴くだけです。

「何をしたいと考えている?」

自分で考えて言葉にし、行動を起こした結果に対しては、どんな成果になろうと納得できるものです。自分が会社に関わったことを誇りに感じることができるはずです。
私は会社のひとつの機能。会社の環境を整え、従業員の背中を押すのが役割です。
これが、組織づくりの基本だと考えています。

第5章

人を生かす経営が「儲けるから儲かる」経営へ

■私が教育を大切にするワケ

――会社における教育は大切だ…

多くの経営者の方はそのことをよく理解していると思います。組織がひとつの目標に向かってまい進していくとき、そこで共に働く社員の考え方、行動規範も同じベクトルにないと組織力やチーム力は発揮できません。そのため、多くの経営者は従業員に対する教育の重要性を認識しているでしょう。

私の場合、その必要性を痛切に実感したのが、第一章でもふれた、最初の従業員の現場における大事故でした。彼は一命をとりとめはしたものの、私は事業をやめる決断を一度はしました。しかし、そのとき、彼の両親からかけられた言葉で救われました。そして、今の会宝産業があるのは彼の両親の温情のおかげです。

当時、新しい仲間も加わり、仕事も増えるし、すべてがうまくいくと思っていた矢先に突きつけられた厳しい現実でした。結局、安全管理についてしっかりとした教育ができていなかったことが原因でしょうし、それもできないまま仲間が増えて喜んでいた自分自身に恥ずかしさを覚えました。自動車解体業だけでなく、現場の仕事は危険がつきものです。建設現場もしかり、工場もしかりです。いつその危険が降りかかってくるかわかりません。私たちにとって教育とは、命を守る防衛線なのです。

会社が守るものは従業員と家族の生活です。現場で事故が発生し、その生活が壊れることがあってはなりません。だからこそ「安全作業」を基本理念に加え、わが社の教育の根底が「従業員と家族の生活を守る」ことであるということを知ってもらいたかった。それがすべての前提となるわけです。

信念なきところに事故は生まれます。仕事の意義、目的を明確に理解して行動していれば、事故の起きる可能性を最小化できると私は考えています。仕事を単なる作業と思う。やりたくないと嫌がりながら仕事に向かう。そして、真剣に取り組まず、適当にやってしまう。これらの積み重ねが小さな事故を引き起こし、やがて大きな事故へつながっていくのです。だからこそ従業員には仕事に対する信念を何度も繰り返し伝えます。仕事に対して真摯に向き合うことこそが、従業員やその家族の生活を守ることに直結するのです。

■「躾」がなぜ必要なのか？

「躾（しつけ）」という字は身が美しいと書きます。読んで字のごとしです。小さな子供に躾が必要なのは親であれば誰もがわかることです。きちんと座って、料理をこぼさずに食事ができるようになるのも、他人に迷惑をかけず、ルールを守って電車に乗るようになるのも、そして挨拶がしっかりできるようになるのも、まさに親の躾の賜物です。

余談になりますが、二〇一八年に開催されたロシア・ワールドカップで、日本人の礼儀が世界に注目されたのを覚えていますか？　決勝トーナメント一回戦で敗退した日本代表のロッカールームが、きれいに掃除され、ゴミひとつない状態だったのです。運営スタッフがSNSで発信し、世界中の人々がこのマナーに驚きの声をあげたのです。この状況で当たり前のようにこのようなことができるのは、子供の頃から親や監督、コーチから徹底して整理整頓の大切さを叩き込まれてきたからだと容易に想像がつきます。そして、このことに対し世界から賞賛の声があがるのを見て、自分のことのようにどこか嬉しくなります。

これは、まさに躾の賜物です。しかし、躾を叩き込まれている人間ばかりではありません。なにより躾は子供の話だけではなく、社会人には社会人としての躾があります。むしろ私は、その躾がより重要だと考えています。

私自身の経験でいえば、両親が商売をしているという環境で育ちました。だからこそ、商売における躾というものは嫌というほど叩き込まれました。前述した「自分にできることから人に尽くせ」という父親からの教えもそうです。自分が働くという立場にたったとき、あれだけ言い争いをして喧嘩別れした父親の教えが頭をよぎり、それを行動規範にできたのは、子供の頃からの躾なんだと実感します。

躾ができていない人とはどういう人でしょうか？　それは知識不足な人です。何も知らないのです。この場面でどういう行動をとるべきか、どういう発言をすべきか。知らないから行動に移せないのです。マナーにおいても、知らないから守れないのです。結果、躾ができていない人に何かを任せるのが怖くなります。そうすると、その人自身があらゆる場面で損をするのです。この躾の差は、私の経験上、ある一定の年齢からどんどん大きくなります。つまり、躾をされている人とされていない人の差は年齢を重ねるにつれ、日々拡大します。躾ができていない人は残念ながらそのような差に気づかないのです。知らないまま時が過ぎていくと、その人の将来においても大きなマイナスになります。だから、教育が必要なのです。そして、何よりも躾には愛情が必要なのです。小さな子どもを躾ける親は憎くてそんなことをしているのではありません。その子の将来のことを想って、注意をし、説教もするのです。

挨拶、掃除など、ほんの些細なことのように感じるかもしれません。しかし、その積み重ねが大きな差となって返ってくるのです。

■人との出逢い、人との縁に導かれて自分がいる

今までプライベートでも仕事においても、多くの方と出逢い、いろいろな影響を受け、ときには与えて、お互いの成長の励みとしてきました。なかでも最も印象的なのは、やはり浄土真宗真実派専修寺の僧侶大澤進一師との出逢いです。

大澤師は義兄から紹介されお会いしました。師が語る観念は、仏教という一宗教の域を超えて広がり、自然の摂理やいのちのあり方、宇宙観にまで及びます。解体業一本でやってきた私にとっては目からウロコの話ばかりです。

第一章でも述べましたが、ある日、その大澤師が「これまでの人生を清算したらどうか?」と私に告げます。「清算?…?」と私は混乱しましたが、その言葉をよく考えてみることにしたのです。三か月くらい考えた後、仕事に対しては今までの考え方を清算し、新たな価値観をもとに、「使命」に気づくことができたのです。しかし、私生活においてもやはり清算が必要かな……と思い、あるところに行き着きました。それが酒・タバコ・麻雀でした。その話を聞いたのが三六歳の頃です。解体業といえば、血気盛んな方々も多い時代

でした。私もご多分に漏れず、若い頃は随分と熱き血をたぎらせ、やんちゃなこともしてきました。

大澤師が「酒・タバコ・麻雀を止めなさい」と言ったわけではありません。清算という言葉を聞いて自分なりに今までの人生を振り返ると、これらを止めることかな、と思ったのです。とはいえ、自分自身で考えてもこれらはなかなか止められない。それもわかっている……。そして、三七歳の誕生日を境に、「酒・タバコ・麻雀」を一切止めたのです。

これだけ聞くと、超人的な話です。でも、私も人間ですから、やはり反動がくる。ストレスが溜まり、耐えられない。これは無理だ……と諦めて、大澤師に「無理です」と泣きを入れたのです。すると師はさらりと答えるのです。

「水力発電って知ってる？　水力発電っていうのは水の落差が大きければ大きいほど強い電力が出るんです」

それを聞いた瞬間、「なるほど～。ここを踏ん張らんと！」と決意新たにまた進み始めたのです。そうこうしながら禁断症状を乗り越えて、あれから三十年以上、「酒・タバコ・

麻雀」には手をつけずにきました。

実はこの後、面白いことが起こるのです。今までは、「酒・タバコ・麻雀」を代表として、遊びを中心とした人たちとの付き合いが多かった。仕事においても、結局、遊びに通じている方々との付き合いが中心でした。それが、それらを止めると、付き合う人たちの顔ぶれが変わっていくのです。「酒もタバコも麻雀もやらない」となると、それを通じて付き合っていた人たちにとって、私は面白くない人ですし、付き合いも減りますよね。三年もすると、その人たちはすべて私のまわりからいなくなりました。

代わって私のまわりには今までとは異なるタイプの方々との付き合いが大半を占めるようになりました。人間的に素晴らしい方々、私の事業を全力で応援してくれる方々など。自分でも、何かステージが変わったという感触を得ました。自ら行動を変えることで、その立ち位置やステージも変えることができると実感したのです。好きなことを止めるのはしんどいし、逃げたくなります。人間だから当たり前です。しかし、そこで逃げてしまったら、新しいステージはやってこない。成長もしない。

大澤師との出逢いは、私にこんな大きな影響を与えてくれました。過去の清算を自ら考え、行動へと導いてくれたのは間違いなく大澤師との出逢いです。その出逢いがあったかこれは私だけでなく、みなさまも同様です。日々の出逢いに想いをめぐらし、立ち止まって考えてみてください。その出逢いが、あなたの未来を大きく変えるかもしれないのです。だからこそ、今の自分があるとも言えます。人の縁に導かれて今の自分があるのです。

だからこそ、相手の話へ素直に耳を傾け、大切に接してもらいたいと思います。

■失敗から得られるもの

「失敗は経験。だから失敗ではない」

私は失敗談を語るとき、よくこのような説明をします。なんだか禅問答のようですが、失敗は失敗ではないのです。その理由は「経験」が蓄積されるからです。誰もが成功をしたいと思います。しかし、成功から得られるものは何もないと思っています。ところが失敗からは得られるものが山ほどあります。なぜ、失敗したのか？　成功するためには何が足りなかったのか？　それを考える機会をもらうだけで失敗を成功以上のものに変えることができます。失敗で落ち込み、そこで止めてしまったら意味がありません。失敗するから続けるのです。

私も創業から多くの失敗を重ねてきました。前述の最初の従業員の事故も大きな失敗のひとつです。私自身、その失敗から教育の重要性と、従業員と家族を守る安全の大切さを学びました。三十代の頃も大きな失敗をしています。その失敗は会社を倒産の危機に陥らせるほどのもので、今でも私の胸に刻まれています。
当時、共同経営していた小さな食品会社の手形が不渡りを出すかもしれないという事態になったのです。もし決済できなければ、会社を清算しなければなりません。当時は解決策も見出せず、途方に暮れ、最後に最悪の状況も覚悟し、妻に打ち明けました。

「食品会社が不渡りを出したら、自宅を売ってアパート暮らしになるかもしれない」

そのとき、妻はまったく動じる気配を見せず、「わかりました」と答えました。正直、妻の落ち着いた様子に驚きを隠せませんでした。その静かなたたずまいを目の当たりにし、自分自身がオロオロとしていることに恥ずかしさを感じたのです。その妻の態度が私を勇気づけ、経営者としての落ち着きを取り戻させてくれました。結果、この件については決済期限直前になって取引先が現金を工面してくれ、最悪の状態を回避することができました。しかし、この失敗の教訓を後に生かさなければいけません。私は支払いの猶予を延ばす手形は麻薬のようなものだと気づきました。今後の取引はすべて現金決済を貫くことを決めたのです。

また、海外でも手痛い失敗をしています。二〇一一年、会宝産業はナイジェリアに現地法人を立ち上げました。この現地法人は、中古部品の受入れ拠点という役割だけではなく、静脈産業実現に向けた現地法人という位置づけで設立し、まさに世界に私たちのビジョンを広めていくためのフラッグシップになる事業でした。代表には現地のナイジェリア人に就任してもらい、意気揚々と出航したのです。しかし、結果は失敗に終わりました。当時、代表に就いたナイジェリア人は企業経営の経験もなく、会社がうまく機能しません。さらに、私たちも海外での現地法人運営の経験が浅いこともあり、判断が遅れたのも事実です。期待を込めたナイジェリアの事業は数千万円の損失という形で私たちに返ってきたのです。しかし、ここで止めてしまったらそれで終わりです。この失敗から海外における法人運営の難しさを知り、同時に他国への展開の糧としました。その後、私たちはUAEでも現地法人を設立しています。

私たちは「静脈産業の旗手」を目指し、国内だけでなく、海外にもさまざまな事業を展開しています。いわば、誰もやったことないことにチャレンジしています。そんな私たちが百発百中で成功をおさめることなどありえません。多くの失敗を繰り返し、糧にして一歩ずつ前進してきたのです。「失敗は失敗ではない！」と私が言うのはそのような経験を繰り返してきたからです。成功は失敗の上にあるものです。小さい子供が自転車に乗れるようになるまで何度も転び、コツを覚えていくのと一緒です。だからこそ、多くの失敗に感謝したいのです。

■ステークホルダーとの関係性

私は今まで多くの失敗を重ねてきました。しかし、会社を経営する立場として、失敗ばかり繰り返すことはできません。失敗すれば「何とかしなくては」と思い、成功への糸口を見出すことが必要です。それでも、今の日本は失敗を許さない環境が多くを占めていると思っています。

企業にも多くのしがらみが存在します。何度も失敗が許される環境などは存在しませんし、私たちも多くのステークホルダーが存在します。失敗をしないようにするのは簡単です。何もしなければ良いのです。現状を死守して、挑戦もしない。それで会社が存続すれば良いわけです。しかし、私たちは「静脈産業の旗手」になるべく、多くの挑戦をしていくことを決意しました。新たな事業に乗り出し、「環成経」の実現に向けて実証実験を繰り返す企業です。

例えば、前出のナイジェリアでの失敗。普通の会社で数千万円規模の損失を出すことはできません。多くのステークホルダーからの厳しい目にさらされる中で、それだけの失敗を「失敗は成功への近道」と言ったところでなかなか納得してくれるものではありません。先に述べたように、もちろん私たちにもステークホルダーがおります。しかし、大切なのはそのステークホルダーとの関係性です。私の挑戦に対して多くのステークホルダーは信頼をもって見守ってくださりました。このような大きな失敗をすれば私も「何とかしなくては」と奮起します。ステークホルダーも同時に「あいつなら何とかするだろう」と思ってくれています。だから、このような実証実験ができたと思っていますし、寛容なステークホルダーのみなさまには感謝の念に堪えません。

もちろん、上場企業などはそうはいかないでしょう。常に成功という結果ばかりが求められ、ステークホルダーの厳しい視線に大きな挑戦ができない企業も多いと思います。しかし、今は時代が変化し、経営環境もめまぐるしく変化しています。だからこそ、失敗の大切さをみなさんに理解してもらいたいと思います。

■「儲かる」とは何か?

本書のタイトルにもなっている「儲けるから儲かる」はさまざまな捉え方があると思います。ただ、ひとつ真理があるとすれば、儲けを得ようとするためには正しいことをしないといけない。そのために努力をすることです。儲けようと思うことは間違いではありません。しかし、正しく儲けを得る努力をすることが求められます。

第一章で二十世紀の企業の考え方を紹介しました。誰もが儲けようとまい進していた時代です。もちろん、私も創業した頃、バブル経済の頃など、ご多分に漏れず利益を求めて全速力で走り続けていました。しかし、今は時代が変わりました。あのまま全世界が利益を求めて飽くなき競争と資源の争奪戦を繰り返していれば、すでに地球は滅亡しています。さらに、弱肉強食のごとく、自分たちだけが儲ければ良いと考えれば、国の大小、企業の大小で貧富の差が拡大するだけです。地球環境も顧客もパートナーも皆が幸せになる方法はないのか、と考えれば、「儲けるから儲かる」を実践していくしかないと思います。

相手が喜び、儲かり、さらに自分たちも儲かるというのは一見難しいことかもしれません。しかし、私たちは海外バイヤーが中古自動車部品を購入してくれたことをキッカケに、そのことの真意を考え始めました。相手が喜ぶことをすれば、自然と自分たちも儲かるしくみをつくることの大切さを実感したのです。

会宝産業の従業員はアライアンス先に行くと、真っ先に「トイレを掃除させてください」と相手に伝えます。人間は嫌なことはしたくないのです。でも、それができれば、相手も喜んでくれる。そういう嫌なことをやれるようになれば強くなれます。会宝産業の人間はそういうことを平気でやれる強さがあります。

また、儲けというとお金のことを考える人が大半だと思います。つまり、プロフィット（利潤）で見ます。企業経営においてはそれは当たり前のことですし、常識です。しかし、儲けはプロフィットだけではないと思うのです。いわゆるベネフィット（恩恵・満足感）です。静脈産業を世界に広げていこうとする私たちにとってはアライアンス先が広がることは、お金以上に大切なことですし、顧客やパートナーにおいても、私たちのその活動に参画していることに価値を感じてもらえることが何より「儲けるから儲かる」の実践だと思っています。

■利他の心を考える

生きるためにはきれいごとを言っていられない場面が多々あります。まったくの無償では息が切れてしまい、行動が長続きしません。ボランティアによる活動は、目的を達成するための具体的な活動を持続させる原資や人材の確保が非常に難しいことはご存知のとおりです。持続可能な活動にするには、ビジネスによる収益、つまりお金もまた必要なものです。どのような目的にしろ、ビジネスを持続させるためには、運営の原資となる利益を生み出していかなければなりません。

お金がほしいと思うのは、お金の価値を知っているからです。幸せになりたくて、儲けたいと考えます。これは人間として当然のことであり、だから人は自分にとっての損得でものごとを判断するものだともいえます。この損得の感覚が影響を受けるのが、前述のプロフィットとベネフィットです。

お金は経済活動において不可欠なものです。しかし、このとき考えなければいけないのは、「何のためにお金が必要なのか」という視点です。人はすべからく、世界の循環の中で喜びや感謝を共にし、経済を豊かにするために回していく儲け方の確立を目指すべきです。しかし、現状はまだ他者へ後始末を押し付けるような世の中が広がっています。儲けにつながるものを手に入れたらとかく抱え込もうとし、争いを生んでしまう世の中、目指すべき理想に向かって、どのような姿勢で臨んでいけば良いのでしょうか。

私はかつて、母から戒められたことがあります。がむしゃらに儲けようと突っ走っていたころでした。「ちょっとこっちにおいで」と洗濯用の大きなたらいの前に私を呼びました。なみなみと張られた水面にはたくさんの泡が漂っていました。

「この泡を全部手元に寄せてごらん」

私は泡をかき寄せようとしました。ところが、寄せても寄せても泡は水面を滑り、腕の脇から流れでてしまうのです。悪戦苦闘している私を見て母はこう言います。

「そのやり方では、泡はいつまでたっても手に入らず、いつか消えてしまうよ」

そして、こう続けるのです。

「自分のところに寄せたければ、泡を向こうへ押し出すんだ」

母の言うように、泡をそっと両手のひらでたらいの向こう側へ押し出しました。すると、泡はたらいの壁にぶつかって両側へわかれ、たらいの側面にそってゆっくりと回りながら私の手前に集まってきたのです。そのようすを見ていた母はさらに私に言います。

「自分の手元に寄せたいものは、まずそうやって、やさしく向こうへ渡してやるもんだ。抱え込んじゃいけないんだよ」

仏教の教えの中に「三尺三寸箸」のたとえがあります。地獄も極楽も、食卓で使っているのは三尺三寸、約一メートルもある長い箸です。地獄では、自分の口に入れようとしてうまくいかず、イライラしたり怒り出したり醜い争いが起こっています。対して極楽では、同じ長さの箸なのに歓談しながら楽しく食卓を囲み、満腹になっているのです。いったい何が違うのだろうと見ていると、極楽の人たちは、食物を箸でつまむと、食卓の向かい側の人へ「どうぞ」と食べさせ、食べた相手も「ありがとう。今度はお返しします」と、同じように向かい側の人へ食べさせているのでした。

――そうか……。

この母の教えも、箸のたとえも、相手をまず幸せにすることによって自分も幸せになっていく心を説いています。つまり、利他の心です。人は誰でも、損得で判断します。だからこそ、まずは相手を儲けさせるしくみをつくることによって自分も儲かるようになっていく利他のしくみが、関わる人すべてを幸せにするのです。儲けることにまい進していた私に母がそのことを気づかせてくれました。「儲けるから儲かる」の根底は、まず相手の幸せを考えるという利他の心に基づくものです。

相手も幸せになり、自分も幸せになるしくみづくりこそ、私と会宝産業の使命なのです。

■ＩＴ化は公平かつクリアな環境をつくる

人間は弱い生きものです。世の中にはさまざまな誘惑が存在します。その誘惑に打ち勝つことなど、なかなかできるものではありません。しかし、弱いから強くなりたいと思い、切磋琢磨し、努力を続けるのも、また人間の姿です。

昨今は、ＩＴの驚異的な進化により生活だけでなく、ビジネスのあらゆる場面にもＩＴが浸透しています。例えば、業務をＩＴ化することにより得られる業務効率性向上のメリットは、一昔前の仕事に対する概念を大きく変えてきました。私たちのアライアンスネットワークの拡大も、いまやこのＩＴを抜きにして語れません。第二章でシステムの詳細は述べていますので、ここでは割愛しますが、私はＩＴ化の目的は「公平性と透明性」が担保された環境をつくることにあると確信しています。もう少しわかりやすく言うと、誰もが機会を平等に与えられる環境といえます。第三章で説明したオークションによるビジネスのしくみも、ＩＴがもたらす「公平性と透明性」に支えられています。

私も古い人間のひとりです。インターネットが普及してきたとしても、例えばそこでのやり取りには一抹の不安を感じていました。データは簡単に複製できるし、相手は本当に本人なのかわからない。ごまかすこともできるだろうし、インチキをしようと思えばいくらでもできるのではないか。そんな疑いの目で見ていたことは確かです。特にＫＲＡシステムは世界中の中古部品をインターネット上で取引させるわけですから、そこに嘘偽りが横行するかもしれないという不安もありました。

結果、その不安は杞憂に終わりました。取引はリアルであろうと、ネットであろうと信頼が第一です。嘘偽りない情報を掲載するということは、不利を考えるよりもお客さまの信頼を勝ちとることにつながります。調達先となるパートナーたちも同様です。ＩＴ化を進めることで、多くのお客さまとパートナーに公平な取引機会を提供し、さらにクリアに情報を提供できるようになったのです。従来の取引であれば見えなかった情報も筒抜けになります。だからこそ、皆が公平であり、透明なのです。この環境はまさにＩＴ化の最大の恩恵といえます。

私はＩＴ化において、多くの人たちが公正でクリアな相互のやり取りができることに賭けました。しかし、人間は弱いものです。嫌なことはやりたくないし、誘惑に負けてしまうのも人間です。ＩＴはそういった人間の弱い部分も含めて「見える化」してくれます。

会宝産業は、このＩＴの力を最大限に活用して、これからも公正かつクリアな関係性を従業員だけでなく、お客さま、アライアンス先に広げ、「正しく儲かる」しくみづくりにまい進したいと考えています。

おわりに

若い頃から、六〇歳を迎えたら会社経営から身を引き、引退しようと考えていました。それが六〇歳をとうに超え、ついに七〇歳を越えても、いまだ現役で走り回っています。なぜ、現役を続けているかといえば、まだ後始末が終わっていないからです。この後始末をひとつの形にして後世に引き継いでいくのは自分しかいないという一念で今日も東奔西走の毎日を送らせていただいています。

処女作となった『エコで世界を元気にする！』を上梓させていただいたのは二〇一一年、今からちょうど一〇年前のことです。あれから一〇年、私たちの静脈産業への取組みは着実に歩を進めてきており、実績も積むことができました。本書の冒頭でも紹介させていただいたように、国から栄誉な賞もいただきました。日本だけでなく、世界的にもSDGsの広がりが加速し、企業経営にも大きなインパクトを与えるようになったのもこの一〇年の出来事のひとつです。

同時に私たちも、この一〇年でさまざまな失敗を経験しました。海外での失敗もそうですし、世界的なアライアンスの構築の難しさを実感したのもこの一〇年です。まさに、「言うは易し、行うは難し」を、身をもって経験しました。

世間に目を転じれば、東日本大震災を経験し、そして現在も新型コロナウィルスの感染拡大で世の中が多大な影響を受けています。日本も世界も目まぐるしい変化の波にさらされ、混沌とし、先を見出すことが難しい時代です。そのような中で改めて経営者の立場で商売について考えさせられる機会が増えました。その結果、やはり「人に与えること、喜んでもらうことが本来の幸せだ」と再認識することができたのです。なぜなら、人のためにしたことは結果として必ず自分に返ってくるからです。自分だけが良ければいいというビジネスは絶対に成功しません。とにかくまずは相手を喜ばせること、それが大事です。

そして「自分たちがやってきたことは間違っていなかった」と改めて気づくことができた一〇年でもありました。「儲けるから儲かる」という意識の転換から、静脈産業の広がりを自ら牽引していく取組みも歩みを止めるわけにはいきません。まだまだ道半ばです。

一方で、一人の人間として今の時代を俯瞰すると、やはり多くのことを考えさせられます。私は人間という存在は不都合につくられていると考えています。生まれてくることの選択権もなく、そして生を授かり、やがて死んでいきます。その死についても、自分で決定権はありません。自分自身で心臓を直接止めることはできません。生も死も、自分自身で選択することもできないのです。しかし、多くの人が自分自身で生きていると勘違いしてしまっているのではないでしょうか。

人間は生かされているのであり、その事実に立ち返って改めて生を見つめ直すべきではないか。私はそう感じます。人間として生まれてきたからには、何か役割があるはずです。何のために生まれてきたかを考えることこそ大切だと思います。生きることも、死ぬことも自分自身でどうにもならないことです。しかし、せっかく与えられた生の意味を考えると、発想も変わります。一度しかない人生をどう生きるかと考えれば、自分の使命を全うする方がよほど面白い。そう考えると、混沌とした時代を生きるための力がみなぎってくるのではないでしょうか。

私もいつか、この世の生を全うし、土に還るときがやってきます。以前、手術のため入院したことがあります。一日一日、生を与えられているだけで何よりの喜びだと実感しました。健康で活力があって、ごはんを美味しくいただいて、仕事も遊びも家族との時間も楽しめて、よく眠って、よく笑って、新しい朝を迎えることができる幸せ。これ以上何がいるでしょうか。今ここにいる意味を大切にしていきたいと、心から思います。

本書を発刊するきっかけとなったのは、私の活動に賛同いただいた方たちから、その考え方をまとめてみたらどうかと言われたことにあります。自分自身を振り返ると、動脈産業で身を興させてもらい、静脈産業でその後始末に奔走する生涯です。五二年前、たった一人で始めた「解体屋」は、今では関連会社を含め一〇〇人を超える従業員や世界の仲間と共に、循環産業の片翼を担う静脈産業のネットワークへと成長し、各方面からご評価をいただけるまでになりました。しかし、その過程でさまざまな人たちとの出逢いにより、勉強をさせてもらい、行動に変えることができました。

大澤師との出逢いは本書でも紹介させていただきましたが、もう一人多大な影響を受けた人物がいます。金沢が生んだ世界的な仏教哲学者である鈴木大拙です。大拙は仏教の中に霊性的な自覚を見出し、それを世界に紹介した人物です。私は彼の「即非の論理」の概念を読み、大きな衝撃を受けました。たとえば、私たちは山を見れば山であると常識的に認識するが、大拙が言う仏教的思想では異なるといいます。「山は山ではない。故に山は山である」と言うのです。私たちの日常からすると非常識的ですが、私たちの言う常識とは一体何であろうと考えさせられるのです。生についても、私たちは常識的に「生きている」と思いますが、そうではなくはじめからそんな前提がないと考えるとどうでしょうか？そんな前提がないのに、私たちは生きること、死ぬことに一喜一憂していることになり、逆にその立場から眺めると非常に滑稽な姿に映るのです。

二十世紀の経済もこの考え方に照らし合わせると、砂上の楼閣であると納得していただけると思います。資源の争奪を繰り返して成長させた経済ですが、もともとそんな資源などないというところに立ち返ると新たな経済のしくみを考えざるを得ません。

常識を疑うことから始めることが大切です。だからこそ私たちは「環成経」という、かつては非常識と思われた概念を提唱したのです。環境保護を前提に経済を成長させるということは、わずか四〇～五〇年前には非現実的とみなされていたのですから。

現代は混沌とした時代と言われています。先行き不透明な時代でもあり、かつての常識がことごとく覆されている時代でもあります。その中で人間は生を受け、生き、死んでいきます。その万物の法則に抗うことはできません。一度きりの人生を、何を目的に生きるかを考えてみると、この混沌とした時代にも希望がわいてきます。ふと思い出すのは、出張で訪れたアフリカの国々です。貧しくも笑顔を絶やさない子どもたちの姿を見ると、改めて生と死について考えさせられました。同時に、生きることの素晴らしさを実感します。世界中で生を全うする人々の住む地球の環境を、今日よりも明日、より良いものにしていくことこそが、私が担った人生の使命だと気づかされるのです。

だからこそ、これからも前に進まなければなりません。皆が安心して生活できる地球を守るために。

二〇二一年七月

近藤　典彦

会宝産業株式会社

創業	1969 年 5 月
代表者	代表取締役社長　近藤高行
所在地	〒 920-0209 石川県金沢市東蚊爪町 1 丁目 25 番地
ホームページ	https://kaihosangyo.jp/
事業内容	自動車リサイクル 中古自動車部品の輸出・販売 自動車リサイクル技術者の教育・研修 農業
本社・工場	石川県金沢市東蚊爪町 1-25
IREC	国際リサイクル教育センター 石川県金沢市東蚊爪町 1-22-1
千葉営業所	千葉県四街道市大日 2082-6
関連会社	会宝パーツサービス有限会社 アップガレージ金沢店・ 石川小松店・富山店・富山魚津店
海外事業所	KAIHO MIDDLE EAST（FZE）（UAE） KAIHO THAILAND CO., LTD.（タイ） KAIHO INDUSTRY SINGAPORE PTE. LTD. （シンガポール） ABHISHEK K KAIHO RECYCLERS PRIVATE LIMITED（インド） CNR AUTOMOTIVA LTDA（ブラジル）

会宝産業株式会社　沿革

一九六九年　有限会社近藤自動車商会設立
一九九二年　会宝産業株式会社に改名
一九九八年　新社屋完成
二〇〇二年　ＩＳＯ１４００１取得
二〇〇三年　特定非営利活動法人ＲＵＭアライアンス設立
二〇〇五年　ＩＳＯ９００１取得
　　　　　　ＫＲＡシステム開発
二〇〇六年　石川県ニッチトップ企業認定
　　　　　　経済産業省ＩＴ経営百選最優秀賞受賞
二〇〇七年　国際リサイクル教育センター（ＩＲＥＣ）設立
二〇〇八年　経済産業省中小企業ＩＴ経営力大賞受賞
二〇〇九年　第５回ハイ・サービス日本３００選受賞
二〇一〇年　輸出用中古部品の品質規格ＪＲＳ導入
　　　　　　農業事業に参入
二〇一一年　第３回アリババサプライヤーアワード受賞

二〇一三年　英国規格協会の公開仕様書ＰＡＳ７７７認証

二〇一四年　第13回 EY Entrepreneur Of The year Japan セミファイナリスト

船井財団グレートカンパニーアワード２０１４勇気ある社会貢献チャレンジ賞受賞

ＫＭＥ（Kaiho Middle East）設立（ＵＡＥ）

ＫＭＥオークション開始

二〇一七年　会宝トラックネットオークション開始

国際連合工業開発機関（ＵＮＩＤＯ）の環境技術データベースに登録認定

ＳＤＧｓビジネスアワード２０１７エコシステム賞受賞

WIRED Audi INNOVATION AWARD2017 受賞

二〇一八年　国連開発計画（ＵＮＤＰ）主導「ビジネス行動要請（ＢＣｔＡ）」承認

第2回ジャパンＳＤＧｓアワード推進副本部長（外務大臣）表彰受賞

二〇一九年　インドに自動車リサイクル事業を目的とした合弁会社設立

ブラジル・ミナスジェライス州の国立工業技術専門学校（CEFET-MG）

内にＩＲＥＣ設立

二〇二〇年　健康経営優良法人（中小規模法人部門）認定

Forbes JAPAN　SMALL GIANTS AWARD 2019-2020　グローカル賞受賞

二〇二一年　健康経営優良法人（中小規模法人部門）認定

EVERYTHING IS TREASURE

ヒト、モノ。
過去、現在、未来。
友人、家族、子孫。
お客さま、お取引先さま、社員のみんな。
地球、自然、資源、生物、食物、里山、里海、社会。
そして、自分自身。

これらすべてが、わたしたちの宝です。

わたしたちの名は、「宝に会う」と書く会宝産業。
愛すべき宝を守るため、
そしてまだ見ぬ宝と出会うため、
会宝産業は、静脈産業の旗手として
循環社会の実現を目指します。

ゴミと呼ばれる使用済み製品を資源に変える。
世界中のゴミを資源に変えて、
人類の宝である地球をキレイにする静脈産業は、
世界平和につながる仕事と信じています。

自分だけが良ければいい、
という考え方は、もう、古い。

企業のあり方が問われています。
企業は営利団体だから自分の利益を追求すればいい、
という考え方には、NOと言いたい。
会宝産業は「循環社会の実現」を目的とします。
資源を循環させ、美しい地球を未来に残す。
そして、世界を平和にする。
自動車リサイクルという事業には、それができます。
地球人であるあなたたちと、
わたしたち会宝産業が力を合わせれば、できます。

地球を国で分ける発想は、
もう終わりにしよう。

会宝産業は、国連主導の BCtA（ビジネス行動要請）に、
日本の中小企業として初めて加盟が認められました。
ブラジルをはじめ、複数の国々で、
リサイクル技術の研修や工場の建設などを進め、
SDGs（持続可能な開発目標）の達成を目指した
行動を続けています。
また、UAE で開設した中古部品オークションは、
世界初の試みで、各国から大きな注目を集めています。

競争の果てにあるものより、
協調の先にあるものを見たい。

静脈産業の産業化と世界規模での拡大は、
会宝産業１社の力では達成できません。
リサイクル技術の国際的教育機関 IREC や
同業者と連携した会宝産業リサイクラーズアライアンスは、
志を同じくする国内外の方々と力を合わせて
大きな使命を果たすために運営を続けています。
他社や他国と競争するのでなく、協調する。
大切なのは勝ち抜くことではなく、
持続可能な社会を共につくることです。

<著者プロフィール>

近藤典彦（こんどう　のりひこ）

会宝産業株式会社　取締役会長

1947年　石川県金沢市生まれ。

実践商業高等学校(現在の星稜高等学校)を卒業後、実家の味噌麹店勤務を経て、東京の自動車解体業で修業を積む。

1969年、郷里の石川県に戻り、22歳で「有限会社近藤自動車商会」を立ち上げ、自動車解体業を始める。

30代に人生の師との出会いによって死生観、仕事観が変わり、自動車リサイクル業を通じて地球の環境保全に貢献する決心を固める。

1992年に「会宝産業株式会社」に改組、代表取締役に就任。使用済みのエンジン、部品を再生させて国内外で販売するビジネスモデルを構築し、飛躍的に業績を伸ばした。

著書

『地球と共生するビジネスの先駆者たち』カナリアコミュニケーションズ（共著）
『エコで世界を元気にする！ ―価値を再生する「静脈産業」の確立を目指してー』
PHP研究所

儲けるから儲かるへ
循環で完成する地球と経済の未来

2021年9月17日　初版第一刷発行

著　者　近藤　典彦
発行所　株式会社カナリアコミュニケーションズ
〒141-0031 東京都品川区西五反田1-17-1
TEL　03-5436-9701　FAX　03-4332-2342
http://www.canaria-book.com
印　刷　株式会社クリード
装　丁　田辺智子デザイン室
カバー画像提供　アマナイメージズ

ISBN978-4-7782-0478-5　C0034

カナリアコミュニケーションズの書籍のご案内

タイトル　**ガーナは今日も平和です。**

著者　山口 未夏 著

発刊日　2017 年 10 月 30 日

定価　定価 1,430 円（本体価格 1,300 円）
ISBN 978-4-7782-0413-6

紹介

会宝産業の社員として、JICA 民間連携ボランティア制度で、憧れのアフリカの地へ。そこで待っていたのは、思うように進まないプロジェクト、文化の壁。そして、なかなか動かない。現地の人々の意識のすれ違い。異国の地で突きつけられる活動の厳しさと現実。2 年間のボランティア活動を余すことなく 1 冊に！海外ビジネスを目指す若者に贈る奮闘記 !!

カナリアコミュニケーションズの書籍のご案内

タイトル	**日本の教育、海を渡る。 ～生きる力を育む「早期起業家教育」と歩んで～**
著者	株式会社セルフウィング 代表取締役　平井由紀子 著
発刊日	2020 年 10 月 31 日
定価	定価 1,760 円（本体価格 1,600 円） ISBN 978-4-7782-0470-9

紹介

ベトナムのダナンで幼稚園をする！
日本の教育輸出をするために挑戦し続ける著者。
なぜ日本の教育は世界から注目されるのか。
世界が日本へ期待するものを肌で感じ、
人材教育に携わっている人たちの生のメッセージがここに結集！